畜禽类症鉴别诊断及防治丛书

YA LEIZHENG
JIANBIE ZHENDUAN
JI FANGZHI

鸭类症
鉴别诊断及防治

赵朴 王成龙 刘川川 主编

U0333845

化学工业出版社
·北京·

图书在版编目（CIP）数据

鸭类症鉴别诊断及防治/赵朴，王成龙，刘川川主编.
北京：化学工业出版社，2018.1
（畜禽类症鉴别诊断及防治丛书）
ISBN 978-7-122-31044-6

Ⅰ.①鸭…　Ⅱ.①赵…②王…③刘…　Ⅲ.①鸭病-
诊疗②鸭病-防治　Ⅳ.①S858.32

中国版本图书馆 CIP 数据核字（2017）第 285547 号

责任编辑：邵桂林　　　　　　　文字编辑：向　东
责任校对：边　涛　　　　　　　装帧设计：张　辉

出版发行：化学工业出版社（北京市东城区青年湖南街 13 号　邮政编码
　　　　　100011）
印　　刷：三河市延风印装有限公司
装　　订：三河市宇新装订厂
850mm×1168mm　1/32　印张 8　字数 152 千字
2018 年 3 月北京第 1 版第 1 次印刷

购书咨询：010-64518888(传真：010-64519686)　售后服务：010-64518899
网　　址：http://www.cip.com.cn
凡购买本书，如有缺损质量问题，本社销售中心负责调换。

定　　价：35.00 元　　　　　　　　　　版权所有　违者必究

编写人员名单

主　　编　赵　朴　王成龙　刘川川

副 主 编　郑亚敏　慎同烨　陈丽霞　张　磊

编写人员（按姓氏笔画顺序排列）

　　　　王成龙（新乡市畜产品质量检测检验中心）

　　　　王俊丽（长垣县畜牧局赵堤防疫检疫中心站）

　　　　王晓瑞（滑县动物卫生监督所）

　　　　刘川川（许昌市畜牧技术推广站）

　　　　张　磊（开封市畜产品质量监测检验中心）

　　　　陈丽霞（济源市畜牧技术推广站）

　　　　郑亚敏（许昌市动物疾病预防控制中心）

　　　　赵　朴（河南科技学院）

　　　　谢柯柯（温县动物卫生监督所）

　　　　慎同烨（济源市动物卫生监督所）

　　　　魏刚才（河南科技学院）

前言 FOREWORD

　　随着畜牧业的规模化、集约化发展，畜禽的生产性能越来越高、饲养密度越来越大、环境应激因素越来越多，导致疾病的种类增加、发生频率提高、发病数量增加、危害更加严重，直接制约养鸭业的稳定发展和养殖效益的提高。鸭的疾病根据其发病原因可以分为传染病、寄生虫病、营养代谢病、中毒病和普通病。其中有些疾病具有明显的各自特有的症状，但有些病也具有某些与其他疾病类似的症状，这些类似的症状常给临床诊断带来困难，直接影响鸭场疾病的控制效果。所以，规模化鸭场对饲养管理人员和兽医工作人员的观念、知识、能力和技术水平提出了更高的要求，不仅要求能够有效地防控疾病，真正落实"防重于治""养防并重"的疾病控制原则，减少群体疾病的发生，而且要求能够细心观察，透过类似的症状找出其不同，及时确诊和治疗疾病，将疾病发生的危害降低到最小。为此，我们组织了长期从事鸭生产、科研和疾病防治的有关专家编写了《鸭类症鉴别诊断及防治》一书。

　　本书包括五章，重点介绍了近 60 种疾病的病因、临床症状、病理变化、防制措施，并特别在每种疾病中将有类似症状的疾病进行类症鉴别，列出其相似点和不同点，这就比较容易做出正确的诊断并可有效地采取防治措施。本书密切结合我国的养鸭业实际，既注意疾病的综合防制，减少疾病的发生，又突出疾病的类症鉴别，以便读者及时正确地诊断疾病，减少疾病的危害。全书注重系统性、科学性和实用性，内容重点突出，通俗易懂。不仅适合鸭场兽医工作者阅读，也适合饲养管理人员阅读，还可作为大专院校、农村函授及培训班的辅助教材和参考书。

　　由于水平有限，书中可能会有不妥之处，敬请广大读者批评指正。

编写者

目 录 CONTENTS

第一章 鸭传染病的类症鉴别诊断及防治

一、鸭瘟

鸭瘟又称鸭病毒性肠炎，是由鸭瘟病毒引起的一种高死亡率、急性败血性传染病。本病的主要特征是头颈肿大、高热、流泪、下痢、粪便呈灰绿色，两腿麻痹无力。俗称"大头瘟"。

【病原】病原为鸭瘟病毒，属于疱疹病毒科，具有疱疹病毒科的典型特征。在病鸭的血液和内脏中含有大量的病毒，以肝、脾的含毒量最高。本病毒对乙醚和氯仿敏感，对外界环境有较强的抵抗力。如在 $-10 \sim -20℃$ 的环境中能存活 347 天，50℃时经 $90 \sim 120$ 分钟才能灭活，而在 22℃时需 30 天才能失去感染力。但对一般浓度的常用消毒药较敏感。例如，$1\% \sim 3\%$苛性钠（火碱）溶液、$10\% \sim 20\%$漂白粉混悬液、5%甲醛溶液等，均能较快地杀灭病毒。其他如直射阳光、高温干燥等因素，都不利于病毒的繁殖。

【流行病学】本病的发生和流行无明显的季节性，但以春、秋鸭群的运销旺季最易发病流行。鸭瘟对不同日龄、不同品种的鸭均可感染，但以番鸭、麻鸭和绵鸭最易感，北京鸭次之。在自然感染条件下，成年鸭的发病率和死亡率较高，30日龄以内的雏鸭却较少发病，但在人工感染时，雏鸭却较成年鸭容易发病，且死亡率也高。鸭瘟的传染源主要是病鸭和带毒鸭，其次是其他带毒的水禽、飞鸟之类。这些带毒的禽类，特别是病鸭，很容易通过排出的粪便及其分泌物污染饲料、饮水、饲养工具等散播病毒。当健康鸭群与病鸭群放牧，或间接食入污染的饲料时，均可感染发病，造成该病的流行。消化道感染是主要的传染方式。其他如通过滴鼻、泄殖腔、肌内注射等人工接种的方式，也可引起发病。某些吸血昆虫，也有可能是本病的传播媒介。

【临床症状】鸭瘟病毒的潜伏期为2～4天，病初体温急剧升高，一般可达43℃以上，呈稽留热型。病鸭呈现精神不振，低头缩颈，食欲减退或废绝，渴欲增加，羽毛松乱，翅膀下垂，两腿发软，步态不稳，喜卧地，驱赶时以翅膀扑地匍匐向前。这时，病鸭不愿下水，若强迫下水，也无力游动，并挣扎回岸。病鸭的头和颈部肿胀，较健鸭明显肿大，故有"大头瘟"之称。病鸭下痢，排出绿色或灰白色稀粪，常黏附于泄殖腔周围。泄殖腔黏膜充血、出血和水肿，严重时黏膜外翻，并附有绿色的假膜，不易剥脱，人为剥脱后留有溃疡面。

【病理变化】鸭瘟的病变，以全身性急性败血症为主要特征。病鸭的全身皮肤、黏膜、浆膜和内脏器官都有不同程度的出血斑点。皮下尤其是头颈部的皮下组织有弥漫性水肿，在"大头瘟"的典型病例中，切开头颈部肿胀的皮肤，即刻流出淡黄色透明的液体。口腔黏膜有黄色坏死性假膜覆盖，用刀刮离假膜后，可见到黏膜有出血性溃疡灶。食管黏膜表面有纵行排列的灰黄色坏死性假膜覆盖，此膜不易剥离，剥离后呈现出不同大小的、特征性的红色斑块或条索状痂块。腺胃黏膜有出血斑点，有时在腺胃与食管膨大部交接处，有一条灰黄色的坏死灶带或出血带。肌胃角质下层充血、出血。肠黏膜有充血和出血性炎症。小肠淋巴组织出血，呈带状。泄殖腔严重充血、出血，黏膜表面覆盖有一层棕褐色或绿褐色的坏死痂块，不易剥落。肝脏的早期病变有出血性斑点，后期出现大小不同的灰色坏死灶，在坏死灶周围有时可见环形出血带，而在坏死灶中心却常有小出血点。脾脏体积缩小，呈黑紫色。法氏囊黏膜充血发红，有针尖状的黄色小斑点。到后期，囊壁变薄，囊腔中充满红色凝固的渗出物。产蛋母鸭的卵巢可能充血、变形或变色，有时有一部分卵泡破裂，卵黄散布于腹腔中而引起腹膜炎。

【实验室诊断】病毒的分离鉴定、血清中和试验、酶联免疫吸附试验、免疫荧光抗体技术和聚合酶链式反应。

【鉴别诊断】

1. 鸭瘟与禽流感的鉴别

[相似点] 鸭瘟与禽流感均有传染性，体温升高（43～44℃）、精神萎靡、停食、行动无力、羽毛疏松、腹泻等临床表现以及全身性出血和水肿，皮下组织弥漫性水肿，皮肤黏膜和浆膜出血，实质器官变性，消化道出血、炎

症和坏死等病理变化。

[**不同点**] 禽流感的病原是正黏病毒科亚洲 A 型流感病毒。鸡、鸭、鹅等禽类最易感。肉髯呈紫黑色且增厚变硬，上面有时见有坏死结节，肿头，流泪，腹泻而排黄绿色稀便，在腿部鳞片上可见紫色或暗红色的出血斑点，没有明显的呼吸困难和神经症状，嗉囊没有大量的积液。成年产蛋鸭的产蛋率大幅度下降，软皮蛋、畸形蛋等数量增多，大多数鸭因瘫痪衰竭而死。低致病性禽流感表现为轻微的呼吸困难、下痢，产蛋率下降以及其他温和性变化。腺胃乳头肿大，呈化脓性出血，并有灰白色分泌物，一般出血在头基部。胰腺边缘充血，出血，有灰白色或黄白色的坏死灶。成年产蛋鸭可在输卵管内见到白色或淡黄色的脓性渗出物或豆腐渣样的干酪样物质，法氏囊和肾脏肿大，出血。鸭瘟只感染鸭、鹅，病鸭眼流泪，头部肿胀，有时流出黏性或脓性分泌物，使眼睑粘连不能张开，结膜充血，出血鼻孔流出浆液性或黏液性分泌物，呼吸困难。食道和泄殖腔具有特征性的假膜，剥离后留有溃疡斑痕。

2. 鸭瘟与鸭霍乱的鉴别

[**相似点**] 鸭瘟与鸭霍乱均有传染性，体温升高（43～44℃）、精神萎靡、停食、行动无力、羽毛疏松等临床表现以及肠道充血、出血，肝表面有大小不同的坏死点，心肌和心内膜有出血点等病理变化。

[**不同点**] 鸭霍乱是由多杀性巴氏杆菌引起的一种传染病，各种家禽均可感染。通常呈零星发作，来得急、死亡快，尤其是产蛋母鸭多见。最急性病例可无任何症

状而突然死亡，急性病例呈现精神委顿，食欲停止，呼吸困难，口腔和鼻孔有时流出带泡沫的黏液，有时流出血水，频频摇头，很快死亡。死亡前常摇头，死亡时口、鼻流稀血水，嗉囊内充满饲料，手摸感觉硬实。拉赤色、淡赤色或棕色恶臭粪便。慢性病例有关节炎、关节变形、关节囊内有黄色干酪样坏死。而鸭瘟的症状是流泪、眼睑肿胀，两脚发软不能站立，下痢、头颈部肿大，俗称"大头瘟"。流行范围较广，病程也较长，一般多在病后4～6天死亡。死亡时眼睛充血，嗉囊内虚无食物，手摸感到松软。病死者，翻开鸭肛门，出现充血、水肿或有黄绿色假膜者，拉白灰色、灰色或铜绿色粪便。鸭霍乱的病鸭或死鸭，肝脏表面有许多针头大小、分布均匀的灰白色的坏死灶，而鸭瘟则没有这些症状，但全身皮肤表面有许多出血斑点，头颈部出血更为严重。鸭霍乱可用磺胺类药物或抗生素治疗，效果良好，而鸭瘟则无效。

3. 鸭瘟与鸭出血症的鉴别

[相似点] 鸭瘟与鸭出血症均有小肠和直肠明显出血的病理变化。

[不同点] 鸭出血症是一种由新型疱疹病毒（鸭疱疹病毒Ⅱ型）引起的可侵害各品种鸭、各日龄鸭的传染病，多发于10～55日龄的鸭群，而鸭瘟则是成年鸭的发病率和死亡率较高，30日龄以内的雏鸭却较少发病；鸭出血症病鸭没有食道黏膜和泄殖腔黏膜有黄褐色坏死假膜或溃疡这一变化，而鸭瘟则有这一变化；鸭出血症肝脏肿大，呈树枝样出血或淤血，而鸭瘟的肝脏变化则为有灰黄色或灰白色的坏死点，少数坏死点中间有小出血点。

4. 鸭瘟与种鸭坏死性肠炎的鉴别

［相似点］鸭瘟与种鸭坏死性肠炎均有精神不振、站立不稳、产蛋率急剧下降、剖检见肠黏膜充血出血等现象。

［不同点］种鸭坏死性肠炎是由产气荚膜梭菌引起的一种消化道传染病，病变多集中于空肠和回肠，而鸭瘟的肠道病变多在十二指肠和直肠；种鸭坏死性肠炎病鸭的食道黏膜没有黄褐色坏死假膜或溃疡，而鸭瘟有黄褐色坏死假膜或溃疡。

5. 鸭瘟与鸭念珠菌病的鉴别

［相似点］鸭瘟与鸭念珠菌病均可见到口腔或食道黏膜有坏死性假膜和溃疡。

［不同点］鸭念珠菌病是由白色念珠菌所引起的一种霉菌性传染病，多发生于雏鸭，伴有气囊的炎性变化；鸭瘟自然流行时多见于成年鸭，还可见泄殖腔黏膜出血或坏死、肝脏有不规则的大小不等的坏死点和出血点。

6. 鸭瘟与鸭传染性鼻窦炎的鉴别

［相似点］鸭瘟与鸭传染性鼻窦炎均有传染性，减食，眼结膜充血流泪，鼻流浆性、黏性分泌物等临床表现。

［不同点］鸭传染性鼻窦炎的病原为鸭支原体；一侧或两侧眶下窦肿大（圆形或椭圆形）、初软后硬，因爪抓脱毛而露出皮肤；剖检可见窦黏膜充血、坏死，充满白色浑浊黏液或干酪样物，其他内脏变化不大。鸭瘟眼睑肿胀，两脚发软不能站立，下痢、头颈部肿大，俗称"大头瘟"；剖检可见泄殖腔黏膜出血或坏死，肝脏有不规则的大小不等的坏死点和出血点。

7. 鸭瘟与鸭传染性浆膜炎的鉴别

[相似点] 鸭瘟与鸭传染性浆膜炎均有传染性，精神沉郁，减食，两腿软而不愿走动，眼有浆性、脓性分泌物，鼻有浆性、黏性分泌物，拉稀。

[不同点] 鸭传染性浆膜炎的病原为鸭疫里氏杆菌，病鸭常摇头、点头，濒死时抽搐；急性摇头摆尾，前仰后翻，仰卧不易翻转；剖检可见心包、肝、气囊有大量的纤维素性渗出物；将肝、脑涂片用荧光抗体染色，可见鸭疫里氏杆菌呈黄绿色环状结构。鸭瘟头颈部肿大，俗称"大头瘟"；剖检可见泄殖腔黏膜出血或坏死，肝脏有不规则的大小不等的坏死点和出血点。

8. 鸭瘟与鸭衣原体病的鉴别

[相似点] 鸭瘟与鸭衣原体病均有传染性，病鸭精神不振，离群独处，步态不稳，瘫痪，结膜炎，眼流浆性分泌物，鼻流浆性、黏性分泌物，呼吸困难，排绿色稀粪。剖检可见肝呈棕黄色。

[不同点] 鸭衣原体病的病原为禽衣原体；排绿色或黄白色稀粪；死前出现神经症状及瘫痪；有的关节肿大、跛行；剖检可见鼻腔、气管有大量的黏稠液；胸腹腔、心囊、气囊有多量浑浊液和纤维蛋白絮片，腹腔脏器覆有黄色膜；用脾、肝、心包、心肌压片，姬姆萨染色衣原体呈紫色。鸭瘟头颈部肿大，俗称"大头瘟"；剖检可见泄殖腔黏膜出血或坏死，肝脏有不规则的大小不等的坏死点和出血点。

9. 鸭瘟与鸭球虫病的鉴别

[相似点] 鸭瘟与鸭球虫病均有传染性，精神沉郁，

呆立，羽毛松乱，食减，渴欲增加，拉稀。剖检可见肠充血、出血。

［不同点］鸭球虫病是由鸭球虫引起的一种危害严重的寄生虫病，鸭球虫病发生于高温高湿季节，网上饲养于2～3周龄转为地面饲养时发病严重，排的稀粪呈桃红色或暗红色，有时有黄色黏液，腥臭；剖检可见仅十二指肠有出血斑或出血点（尤以卵黄蒂前后肠段）红白相间，覆有糠麸样或干酪样黏液，肠内容物为淡红色或鲜红色的黏液或胶冻样，不形成肠芯；用病变部肠黏膜制片镜检，可见裂殖体、裂殖子、卵囊。鸭瘟则多流行于春夏之际和购销旺季，病鸭的食道黏膜和泄殖腔黏膜有黄褐色坏死假膜或溃疡，肠内容物无淡红色或鲜红色的黏液或胶冻状黏液。

10. 鸭瘟与鸭维生素 A 缺乏症的鉴别

［相似点］鸭瘟与鸭维生素 A 缺乏症均可见到口腔或食道黏膜有灰黄白色的假膜。

［不同点］维生素 A 缺乏症是由于饲料中的维生素 A 或胡萝卜素不足或缺乏而引起的，不具有传染性，而鸭瘟具有很强的传染性。维生素 A 缺乏症在肾脏、心脏、肝、脾表面有尿酸盐沉积，而鸭瘟无此病理变化。

【防制】

1. 预防措施

（1）注意隔离、卫生和消毒　采用"全进全出"的饲养制度。不从疫区引种，需要引进种蛋或种雏时，一定要严格进行健康检查和消毒处理，经隔离饲养 10～15 天后证明无病方可并群饲养。鸭群不可在可能感染疫病的地方放牧（如上游有病鸭，下游就不能放牧）。饮水每升要加入 50～100 毫克百毒杀等消毒。被污染的放牧水体也要按 1 亩（1 亩＝667 米²）泼洒 20～30 千克生石灰进行消毒。

（2）科学的饲养管理　鸭舍要每天打扫干净，粪水等集中密闭堆埋发酵。鸭舍、运动场、用具、贩运车辆和笼子等每周或每天应用 10％～20％的石灰乳或 5％的漂白粉或（1：300）～（1：400）的抗毒威等消毒。

（3）免疫接种　使用疫苗时要严格按瓶签上标明的剂量接种，不使用非正规厂家生产的疫苗。疫苗使用时要用生理盐水或蒸馏水稀释，30 日龄以内的鸭可稀释 40 倍，每羽肌内注射 0.2 毫升；2 月龄以内的鸭可稀释 100 倍，每羽肌内注射 0.5 毫升；5 月龄以上的鸭可稀释 200 倍，每羽肌内注射 1 毫升。疫苗接种后 7 天内会产生免疫力。为产生坚强的免疫力，最好隔 21～30 天再加强免疫 1 次，种鸭和产蛋鸭在产蛋前可再接种疫苗 1 次。1 月龄以内的雏鸭的有效免疫期为 1 个月，2 月龄以上的鸭的有效免疫期为 6 个月。

2. 发病后的措施

处方 1：高免血清或干扰素治疗。早期治疗每羽肌内注射 0.5 毫升抗鸭瘟高免血清，有一定的疗效；或成年鸭每羽肌内注射 1 毫升聚肌胞（一种内源干扰素），3 日 1 次，连用 2～3 次，有一定的疗效。此法特别适用于因鸭瘟疫苗免疫失败而引发的鸭瘟的治疗，可有效控制死亡并降低死亡率（或禽用干扰素每瓶 10 毫升稀释 25 倍，肌内注射 1000 羽）。

处方 2：抗病毒药物治疗。复方利巴韦林 0.05％饮水，连用 3～5 天。或复方病毒唑可溶性粉 0.025％饮水（或 0.05％拌料），1 天 2 次，连用 3～5 天。或复方金刚乙胺 0.02% 饮水，1天 1 次，连用 3～5 天。

处方 3：党参、车前子、朱砂、巴豆、白蜡、桑螵蛸、枳壳、乌药、甘草各 50 克，蜈蚣、全蝎各 10 条，生姜、滑石各 250 克，神曲 200 克，桂枝、良姜、川芎各 100 克，肉桂 150 克，白酒 0.5～1 升，小麦或稻谷 10 千克。将药物用布包好与小麦同时入锅，加水以浸没小麦和药物为宜；先用武火煮，后用文火煮，待小麦吸尽汁液后再拌白酒喂鸭。本剂药可喂鸭 400 羽，喂药后 4 小时不可让鸭下水。本方对此病有很好的疗效。

处方 4：红花、山木通各 20 克，桃仁、醋炒香附各 30 克，黄连、甘草各 10 克，活全蝎、活地鳖各 50 克，威灵仙 15 克，鲜松针（捣碎）60 克，鲜小杨梅根、鲜芦根各 80 克，用 1 升米酒密封浸泡 15 天后滤汁，每羽鸭 1 次肌内注射 3 毫升，每天 2次，连用 2～3 天，疗效显著。

处方 5：稻谷、仙鹤草、枫树油、红辣椒按 100 : 10 : 1 : 1的比例加水适量同煮，每天每羽鸭喂药 50 克，连喂 3 天，治愈率可达 65%～85%。

二、鸭病毒性肝炎

鸭病毒性肝炎是雏鸭的一种传播迅速的急性传染病，死亡率高达 90%。病程极短，主要病理性特点为肝脏肿大，有出血斑点，临床上以角弓反张为特征。

【病原】病原为鸭肝炎病毒，有 3 种血清型，在我国流行的主要为 I 型。病毒的大小为 20～40 纳米，能够在发育鸭胚的尿囊液内生长繁殖，但不大适应一般的细胞培养。肝是本病的靶器官，是最好的送检病料。病毒对外界环境的抵抗力很强，对氯仿、乙醚、胰蛋白酶和pH 3 的环境均有抵抗力。在污染的育雏室内的病毒至少能够生存 10 周，阴湿处粪便中的病毒能够存活 37 天。含有病毒的胚液保存在 2～4℃冰箱内，700 天后仍保持存活。在 56℃加热 60 分钟仍可存活，但加热至 62℃ 30 分钟即被灭活。1％福尔马林或 2％氢氧化钠中 2 小时（15～20℃）、2％漂白粉溶液中 3 小时、0.2％福尔马林 37℃ 30 分钟均可使病毒灭活。

【流行病学】此病一年四季都可发生，但多数在冬季或早春暴发。本病主要发生于 3 周龄以内的雏鸭。成年鸭也可感染但不发病，而是此病的带毒者。被病毒污染的鸭舍、饲料、饲养用具、水、人员、车辆等都可成为本病的传播媒介。其传染途径是通过咽和上呼吸道或消化道感染。传染源主要是患病雏鸭及带毒成年鸭。病愈康复鸭的粪便中，能继续带毒 1～2 个月。

【临床症状】潜伏期 1～4 天。有些雏鸭没有任何症状而突然死亡。病程进展迅速，常常不超过几小时。病鸭离群，缩头拱背，行动呆滞，不久即伏地不能走动，食欲废绝，眼半闭呈昏迷状态。有些病鸭有腹泻，以后出现神经症状，运动不协调，双脚呈痉挛性运动，头向后仰像游泳样，翅膀下垂，呼吸困难。死前头颈扭曲于背上，腿伸直向后张开，呈角弓反张姿势，俗称"背脖病"，这是本病死亡时的典型体征。康复的雏鸭生长缓慢。

【病理变化】特征为肝脏肿大，质脆，呈淡红色或斑驳状，表面有出血点或出血斑，有的肝脏有坏死灶。胆囊肿大，充满胆汁；脾脏有时也肿大，有斑驳状的花纹。

【实验室诊断】病毒的分离鉴定、雏鸭接种试验及血清学检测等。

1. 病毒的分离鉴定

取病死鸭的肝脏等病料经过无菌处理后，经尿囊腔接种 9～12 日龄无母源抗体的鸭胚或鸡胚，经过 3～5 次传代后稳定地致死胚，并可进一步采用血清中和试验、免疫荧光抗体技术等鉴定病毒。

2. 动物接种

取 1～7 日龄无母源抗体的易感雏鸭分为两组，其中一组经皮下注射 1～2 毫升鸭肝炎高免血清或卵黄抗体，24 小时后，两组同时接种经过无菌处理的病料悬液或分离到的病毒，注射抗体组 80%～100% 存活，而未免疫组 80%～100% 发病死亡。应注意的是从自然感染病鸭分离到的鸭肝炎病毒在回归试验时往往致病率较低，甚至不发病。

3. 病毒的分离提纯及电镜观察

电镜技术具有直观、灵敏的特点，主要用于科学研究工作，但难以用于临床诊断。

4. 中和试验

在鸭病毒性肝炎的诊断方法中，普遍公认的权威方法就是中和试验。中和试验的敏感性较高，应用广泛，其检测结果准确可靠，但由于本法费时费事、比较烦琐、费用高，不能进行快速诊断，不适宜在基层单位推广应用。

5. 荧光抗体法

免疫荧光抗体技术用于病毒病的诊断，具有快速、灵敏、准确等特点，但对设备的要求很高，目前应用很少。

6. 琼脂免疫扩散试验

琼脂免疫扩散试验虽然简便易行，但在敏感性、特异性及准确性上均存在欠缺。

7. 血凝试验

在敏感性和稳定性方面有波动，限制了该方法的推广应用。

8. 酶联免疫吸附试验（ELISA）

应用 ELISA 检测鸭病毒性肝炎的抗原和抗体是敏感、快速的诊断方法，有望制备成试剂盒。应用此法的优点在于免去了鸭肝炎病毒复杂的提纯工作，更易被基层工作者接受。

【鉴别诊断】

1. 鸭病毒性肝炎与鸭瘟的鉴别

［相似点］鸭病毒性肝炎与鸭瘟均有精神沉郁、食欲缺乏等临床表现。

［**不同点**］鸭瘟是由鸭瘟病毒引起的高死亡率的急性传染病，虽然各种日龄的鸭均可感染发病，但 5 周龄以内的雏鸭较少发生死亡；而病毒性肝炎对 1～4 周龄的易感雏鸭有极高的发病率和死亡率，5 周龄以上的鸭的发病率和死亡率很低，对成年鸭没有影响，鸡和鸭也都有抵抗力。鸭瘟的临床表现为精神不佳，食欲减少或停食，渴欲增加，喜卧不愿走动。病初，体温升高到 43℃ 以上。流泪、眼周围羽毛粘湿，甚至有脓性分泌物，将眼睑粘连。鼻腔亦有分泌物，部分病例颈部肿大。病鸭下痢，排绿色或灰白色稀粪。而鸭病毒性肝炎在临床上主要表现为雏鸭突然发病，身体侧翻仰卧，头向后背，双脚痉挛后蹬，角弓反张。鸭瘟患鸭以食道、泄殖腔和眼睑黏膜呈出血性溃疡和假膜为主要的特征性病变，与患

鸭病毒性肝炎完全不同。鸭病毒性肝炎患鸭肝脏有明显肿大并且有大小不等的出血点，而鸭瘟患鸭肝脏以灰黄色或灰白色的坏死点为主要症状。

2. 鸭病毒性肝炎与鸭巴氏杆菌病（禽霍乱）的鉴别

［**相似点**］鸭病毒性肝炎与鸭巴氏杆菌病均有精神委顿、食欲减少、呼吸困难、腹泻等临床表现以及肝脏的病理变化。

［**不同点**］鸭巴氏杆菌病是由多杀性巴氏杆菌引起的急性败血性传染病，发病率和病死率很高，青年鸭、成年鸭比雏鸭更易感，尤其是 3 周龄以内的雏鸭很少发生；而鸭病毒性肝炎对 1～3 周龄的易感雏鸭有极高的发病率和死亡率。鸭巴氏杆菌病的鸭表现肝脏肿大，有灰白色针头大的坏死灶，心冠脂肪组织有出血斑，心包积液，十二指肠黏膜严重出血等特征性病变；而鸭病毒性肝炎肝脏肿大，质脆，呈淡红色或斑驳状，表面有出血点或出血斑。肝脏触片、心包液涂片，革兰染色或美蓝（亚甲蓝）染色，鸭巴氏杆菌病可见有许多两极染色的卵圆形小杆菌。用肝脏和心包液接种鲜血培养基能分离到巴氏杆菌，而鸭病毒性肝炎均为阴性。

3. 鸭病毒性肝炎与鸭流感的鉴别

［**相似点**］鸭病毒性肝炎与鸭流感均有精神委顿、神经症状的临床表现和肝脏出血的病理变化。

［**不同点**］鸭流感是由流感病毒引起的传染病，可发生于各种日龄的鸭，发病时一般会出现各种神经症状，如扭颈呈 S 状、头顶触地、仰翻、侧卧、横冲直撞和共济失调等。而雏鸭病毒性肝炎对 1～2 周龄的易感雏鸭有

较大的发病率和致死率，超过 3 周龄的雏鸭不发病，表现的神经症状则以头颈背向呈角弓反张状为主，且多在临死前发生。鸭流感除肝脏出血外还伴有胰腺出血、表面有大量的针尖大小的白色坏死点或透明样液化灶，心肌表面有白色条纹样坏死等，而雏鸭病毒性肝炎没有这种变化。将病料接种易感鸭胚，如死亡胚尿囊液具有血凝活性，并能被禽流感抗血清所抑制，可认为是鸭流感病毒所致；如死亡胚尿囊液无血凝活性，可认为是鸭病毒性肝炎。

4. 鸭病毒性肝炎与鸭出血症的鉴别

［**相似点**］鸭病毒性肝炎与鸭出血症均有肝脏出血的病理变化。

［**不同点**］鸭出血症是一种由新型疱疹病毒（鸭疱疹病毒 II 型）引起的可侵害各品种鸭、各日龄鸭的传染病，多发于 10～55 日龄的鸭群，而雏鸭病毒性肝炎 1～2 周龄的易感雏鸭有较大的发病率和致死率，超过 3 周龄的雏鸭不发病；鸭出血症病鸭或病死鸭双翅羽毛管内出血或淤血，外观呈紫黑色，出血变黑的羽毛管易断裂和脱落，一般不会出现神经症状，而鸭病毒性肝炎表现以头颈背向呈角弓反张状为主的神经症状，且多在临死前发生；鸭出血症的肝脏出血以树枝状为主，而雏鸭病毒性肝炎的肝脏出血以点状、条状或刷状为主。

5. 鸭病毒性肝炎与鸭副黏病毒病的鉴别

［**相似点**］鸭病毒性肝炎与鸭副黏病毒病均有精神沉郁、食欲减退、呼吸困难及神经症状（鸭副黏病毒病病鸭表现扭头、转圈或歪脖等神经症状，与多数鸭肝炎病

毒感染的鸭临死前的表现相似）等临床表现。

[不同点] 鸭副黏病毒病是由禽 I 型副黏病毒引起的导致鸭发生消化道和呼吸道症状的传染病，病初病鸭食欲减少，羽毛松乱，饮水增加，缩颈，两腿无力，孤立一旁或瘫痪；羽毛缺乏油脂，易附着污物；开始排白色稀粪，中期粪便转红色，后期呈绿色或黑色；部分病鸭呼吸困难，甩头，口中有黏液蓄积；有些病鸭出现转圈或向后仰等神经病状。而鸭病毒性肝炎有些雏鸭没有任何症状而突然死亡；病程进展迅速，常常不超过几小时；病鸭离群，缩头拱背，行动呆滞，不久即伏地不能走动，食欲废绝，眼半闭呈昏迷状态；有些病鸭有腹泻，以后出现神经症状，运动不协调，双脚呈痉挛性运动，头向后仰像游泳样，翅膀下垂，呼吸困难；死前头颈扭曲于背上，腿伸直向后张开，呈角弓反张姿势，俗称"背脖病"（典型特征）。鸭副黏病毒病表现胰腺的轻微出血或白色坏死点，腺胃黏膜脱落和腺胃乳头轻微出血，而鸭病毒性肝炎病鸭的肝脏明显肿大，质地脆弱，色泽暗淡或稍黄，肝脏表面有明显的出血点或出血斑，有时可见有条状或刷状出血带。

6. 鸭病毒性肝炎与鸭疫里氏杆菌病（鸭传染性浆膜炎）的鉴别

[相似点] 鸭疫里氏杆菌病疾病后期病鸭表现的神经症状特别是角弓反张和抽搐与多数鸭肝炎病毒感染的鸭临死前的表现相似，且都是主要危害雏鸭。

[不同点] 鸭疫里氏杆菌病是由鸭疫里氏杆菌引起的严重危害雏鸭、雏鹅等多种禽类的高致病性、接触性传

染病。临床表现特点为缩颈、眼与鼻孔有分泌物、绿色下痢、共济失调和抽搐。剖检可见心包炎、肝周炎和气囊炎。而鸭病毒性肝炎病鸭的肝脏明显肿大、质地脆弱、色泽暗淡或稍黄，肝脏表面有明显的出血点或出血斑，有时可见有条状或刷状出血带。

7. 鸭病毒性肝炎与雏鸭煤气（一氧化碳）中毒的鉴别

[**相似点**]鸭病毒性肝炎与雏鸭煤气（一氧化碳）中毒均有呼吸困难、头向后背等临床表现。

[**不同点**]雏鸭煤气（一氧化碳）中毒多发生于雏鸭舍烧煤取暖而通风措施不良，而且多发于晚间。主要表现为雏鸭大批量死亡，离取暖炉越近死亡越多。剖检，死亡鸭可见血液凝固不良、鲜红。

8. 鸭病毒性肝炎与急性药物中毒的鉴别

[**相似点**]鸭病毒性肝炎与急性药物中毒均有突然死亡的临床表现。

[**不同点**]养鸭生产中急性药物中毒偶尔出现，是由于用药不当或用药量严重超标导致大批雏鸭急性药物中毒死亡。药物中毒病例的肝脏一般不出现明显的出血点和出血斑，可能表现为肝脏淤血、肠黏膜充血和出血。需要进行回顾性调查和饲养对比试验加以验证。

9. 鸭病毒性肝炎与曲霉菌病的鉴别

[**相似点**]鸭病毒性肝炎与曲霉菌病均有呼吸困难等临床表现。

[**不同点**]曲霉菌病是由霉菌污染引起的。多发生于1～15日龄的雏鸭。主要症状为呼吸困难、张口呼吸，剖检可见肺和气囊上有白色或淡黄色的干酪性病灶。检

查饲料可发现饲料霉败变质或垫料严重霉变。

10. 鸭病毒性肝炎与雏鸭副伤寒的鉴别

[**相似点**] 鸭病毒性肝炎与雏鸭副伤寒均有精神委顿、食欲减退、下痢等临床表现。

[**不同点**] 雏鸭副伤寒是由沙门氏菌引起的一种急性传染病。该病常见于 2 周龄以内的雏鸭。主要特征是严重下痢，眼有浆液脓性结膜炎，分泌物较多。肝有细小的灰黄色坏死灶，肠黏膜水肿、充血及点状出血。而鸭病毒性肝炎病鸭的肝脏明显肿大，质地脆弱，色泽暗淡或稍黄，肝脏表面有明显的出血点或出血斑，有时可见有条状或刷状出血带。

【**防制**】

1. 预防措施

（1）加强隔离卫生　平时应做好预防工作，严格做好孵化室、鸭舍及周围环境的卫生消毒；不从有发病史的鸭场引起雏鸭。

（2）免疫接种　用鸭病毒性肝炎疫苗免疫，无母源抗体的雏鸭于 1 日龄皮下注射 20 倍稀释的疫苗 0.5 毫升；有母源抗体的雏鸭（即母鸭曾注射过鸭病毒性肝炎疫苗或该鸭群曾患过本病），于 7～10 日龄皮下注射疫苗 1 毫升。免疫力可保持 6 周以上。种鸭在开产前 12 周、8 周、4 周分别用鸭病毒性肝炎弱毒疫苗免疫 2～3 次，其母鸭的抗体至少可以保持 7 个月。若在用弱毒疫苗基础免疫后再肌内注射鸭病毒肝炎灭活疫苗，则能在整个产蛋期内产生带有母源抗体的后代雏鸭，其母源抗体可维持 2 周左右，并能有效抵抗强毒攻击。

2. 发病后的措施

整个鸭舍用复合酚溶液（配成 0.3%～1% 的水溶液）喷雾消毒，1 天 1 次，连用 5 天。使用药物治疗。

处方 1：抗体疗法。在发病早期用鸭病毒性肝炎康复鸭的血清或高免卵黄抗体进行治疗，每只雏鸭皮下或肌内注射 1 毫升。一般注射 1 次，必要时次日再重复注射 1 次。在应用特异疗法的基础上，复方利巴韦林 0.05% 饮水，连用 3～5 天；或复方病毒唑可溶性粉 0.025% 饮水（或 0.05% 拌料），1 天 2 次，连用 3～5 天；或复方金刚乙胺 0.02% 饮水，1 天 1 次，连用 3～5 天。在饮水中添加维生素 C（10 克/50 千克水）或速溶多维。

处方 2：板蓝根 25 克、大青叶 251 克、栀子 50 克、黄芪 40 克、黄柏 30 克、龙胆草 30 克、当归 10 克、柴胡 10 克、钩藤 10 克、甘草 10 克，车前草适量为引，文火煎至 5000 毫升，分 2 次饮用，每羽 2～5 毫升，每天 1 剂，连用 2～3 天。预防用每羽每天 2 毫升，分 2 次饮用，连用 5 天。

处方 3：龙胆草 80 克、黄连 80 克、藿香 80 克、茵陈 70 克、黄柏 70 克、黄芩 70 克、金银花 60 克、柴胡 60 克、白术 60 克、厚扑 60 克、陈皮 60 克、苦参 50 克、栀子 50 克、甘草 30 克（500 羽雏鸭的剂量）。上述药煎汤后取药液 1 份加水 9 份，让病雏鸭自饮，每日上下午各 1 次，每天 1 剂，连用 2 剂。本方由黄连解毒汤、龙胆泻肝汤及藿香正气散三方精简组合而成。具有清热解毒、祛肝经湿热、清肝利胆、健脾和胃之功效。

三、番鸭细小病毒病

番鸭细小病毒病是由番鸭细小病毒侵害 3 周龄以内的雏番鸭而引起的一种传染病，故又称番鸭"三周病"。

【病原】番鸭细小病毒，属细小病毒科细小病毒属成员。病毒分布于病鸭的肝、脾、胰腺和肠道等器官组织，也存在于肠道上皮细胞和骨髓细胞中。病毒在 56℃ 内至少存活 60 分钟，在 pH3～9 内很稳定，对脂溶剂也不敏感。福尔马林、氧化剂、紫外线、β-丙内酯等能使之灭活。在 4℃ 中保存多年，滴度无明显下降。

【流行病学】本病多发生于 8～20 日龄的雏番鸭，最早发病日龄为 7 日龄，最迟为 30 日龄。一般发病率和死亡率与日龄密切相关，日龄越小发病率和死亡率越高。发病死亡高峰均在 10～18 日龄，死亡率为 20%～55%；成年番鸭不发病；除雏番鸭外，其他品种的雏鸭和成年鸭均未见类似疾病。本病一年四季均可发生，但以春、夏较多。病鸭可通过排泄物导致病毒的水平传播，也可垂直传播。

【临床症状】病雏主要表现为精神沉郁，减食或拒食，排出白色或黄绿色稀粪，怕冷，喜蹲伏，两脚乏力，喘气，张口呼吸。死前出现神经症状，多呈角弓反张及两脚麻痹。

【病理变化】常见胰脏苍白，表面有数量不等的针头状大小的灰白色坏死点。整个肠道呈卡他性炎症，充血或出血，以十二指肠及直肠最明显。常见小肠中下段肠黏膜有不同程度的脱落。剖开小肠膨大部，可见质地较软，表面覆盖有一层灰白色或黄白色的干酪样物，形成栓子，堵塞肠管。

【实验室诊断】病毒的分离鉴定、琼脂扩散试验、血清中和试验、荧光抗体技术、酶联免疫吸附试验及乳胶凝集试验等，其中以乳胶凝集试验最为实用。

【鉴别诊断】

1. 雏番鸭细小病毒病与小鸭瘟的鉴别

[相似点] 雏番鸭细小病毒病与小鸭瘟均有精神沉

郁、厌食和腹泻等临床症状及肠道卡他性炎症，充血或出血等病理变化。

[**不同点**] 雏番鸭小鸭瘟是由小鸭瘟病毒引起的番鸭的一种急性、病毒性传染病。番鸭小鸭瘟多发生于5～25日龄的雏番鸭，1月龄以上的番鸭也有发病。20日龄内的雏番鸭发病时死亡率常高达95%，发病日龄越小，发病率和病死率越高。20日龄以上的雏番鸭发病时，死亡率一般不超过60%。10日龄内的雏番鸭发病后迅速出现厌食、腹泻、衰竭，突然倒地抽搐后不久死亡，病程为2～4天。日龄稍大的雏番鸭发病后最初表现为厌食，嗉囊空虚，内有混合液体和气体，喙部和蹼表发绀。病雏番鸭排出大量的黄色或淡黄绿色水样稀粪。而雏番鸭细小病毒主要侵害出壳后数日龄至3周龄左右的雏番鸭，成年番鸭多不发病。减食或拒食，排出白色或黄绿色稀粪，怕冷，喜蹲伏，两脚乏力，喘气，张口呼吸。死前出现神经症状，多呈角弓反张及两脚麻痹。雏番鸭小鸭瘟较雏番鸭细小病毒病的发病率与病死率更高，严重下痢，肠道病变较为明显，呈渗出性肠炎，且患病雏番鸭胰腺无白色坏死点，而雏番鸭细小病毒病胰腺表面有大量的白色坏死点，肠道呈卡他性肠炎，存在腹泻，但不如雏番鸭小鸭瘟严重。采用易感雏鸭和易感雏番鸭做感染试验，如仅引起雏番鸭发病死亡，并具特征性病变而雏鸭健活，则为番鸭细小病毒所致。

2. 雏番鸭细小病毒病与鸭副黏病毒病的鉴别

[**相似点**] 雏番鸭细小病毒病与鸭副黏病毒病均有精神沉郁、食欲减退、呼吸困难、神经症状等临床表现和

肠道表现卡他性炎症、黏膜有不同程度的充血和出血等病理变化。

[**不同点**] 鸭副黏病毒病是由鸭Ⅰ型副黏病毒引起的导致鸭发生消化道和呼吸道症状的传染病。发病日龄为8～30日龄，中大鸭也可感染发病，只是症状较轻。病初病鸭食欲减少，羽毛松乱，饮水增加，缩颈，两腿无力，孤立一旁或瘫痪。羽毛缺乏油脂，易附着污物。开始排白色稀粪，中期粪便转红色，后期呈绿色或黑色。部分病鸭呼吸困难，甩头，口中有黏液蓄积。有些病鸭出现转圈或向后仰等神经症状。而雏番鸭细小病毒主要侵害出壳后数日龄至3周龄左右的雏番鸭，成年番鸭多不发病。减食或拒食，排出白色或黄绿色稀粪，怕冷，喜蹲伏，两脚乏力，喘气，张口呼吸。死前出现神经症状，多呈角弓反张及两脚麻痹。鸭副黏病毒病胰腺的变化轻微，常见腺胃黏膜脱落和腺胃乳头轻微出血，发现肝、脾肿大，表面和实质有大小不等的白色坏死灶，而雏番鸭细小病毒病病鸭胰腺表面有大量的白色坏死点。鸭副黏病毒病可侵害各品种的鸭，而雏番鸭细小病毒病只侵害雏番鸭。

3. 雏番鸭细小病毒病与鸭病毒性肝炎的鉴别

[**相似点**] 雏番鸭细小病毒病与鸭病毒性肝炎均有传染性，多发生于雏鸭，年龄愈大发病率愈低，表现萎靡垂翅，不愿活动，排稀粪，喙端呈紫色。剖检可见肝肿大，胆囊充满胆汁。

[**不同点**] 鸭病毒性肝炎的病原为Ⅰ型鸭肝炎病毒（DHV-Ⅰ，英国属Ⅱ型，美国属Ⅲ型）。初发5～7日

龄，粪稀黄白色或绿色，发病 24 小时即全身抽搐，多侧头背向（俗称"背脖"），两脚痉挛性蹬踏，有时在地上旋转，出现痉挛后十几分钟死亡。剖检可见肝肿大、质脆、色暗淡或发黄，表面有出血点，肝细胞弥漫性变性和坏死，坏死肝细胞间有大量的红细胞，小叶间静脉、中央静脉和窦状间隙充满红细胞。胆囊肿胀成椭圆形，充满褐色或淡绿色胆汁。用病死鸭肝制成 2% 匀浆液注射易感雏鸭，24 小时即出现典型症状，于 30～48 小时死亡，病变相同。

4. 雏番鸭细小病毒病与鸭球虫病的鉴别

[相似点] 雏番鸭细小病毒病与鸭球虫病均有传染性，精神委顿，羽毛松乱，离群呆立，厌食，拉稀。剖检可见肠黏膜充血、出血，十二指肠尤为严重。

[不同点] 鸭球虫病的病原为球虫。4～6 周龄的感染率常为 100%，粪桃红色或暗红色，有时有黄色黏液，腥臭。剖检可见十二指肠卵黄蒂前后段的出血斑、出血点常红白相间，有糠麸样或干酪样黏液，肠内容物为淡红色或鲜红色的黏液或胶冻样，但不形成肠芯。剖检，除十二指肠可见病变外，其他内脏无明显变化。刮取病变部肠黏膜染色镜检，可见大量的裂殖体、裂殖子、大小配子和合子或卵囊。

【防制】

1. 预防措施

雏番鸭出生后 48 小时内，皮下注射番鸭细小病毒弱毒疫苗；在疫区的雏番鸭，可在出壳后 4 天内注射抗番鸭细小病毒的高免血清或高免卵黄液；在种鸭产蛋前用番鸭细小病毒灭活苗进行免疫，孵出的雏番鸭将获得母源抗体，可抵抗番鸭细小病毒的感染。

2. 发病后的措施

（1）加强隔离和消毒　隔离病鸭，病死鸭尸体集中进行无害化处理，每天用 0.2％过氧乙酸或百毒杀、抗毒威等带鸭消毒 1 次，连用 1 周。保持鸭舍的清洁卫生，通风透气；用疫苗做紧急接种，一旦暴发本病，可对已感染发病早期的雏番鸭，每只皮下注射 1.0～1.5 毫升雏番鸭细小病毒弱毒疫苗。

（2）药物治疗　宜采取抗体疗法，同时配合抗病毒、抗感染等辅助疗法。立即注射抗雏番鸭细小病毒病高免卵黄液或高免血清，每羽注射 1 毫升，严重病例可再注射 1 次。同源抗血清可作为预防和治疗用，而异源抗血清不宜作为预防使用，仅在发病雏番鸭群做紧急治疗使用。然后使用如下处方辅助治疗。

处方 1：将利巴韦林和 30％磺胺-6-甲氧嘧啶加入饲料（1 克/千克）或饮水（1 克/5 千克水）喂服，连用 3～4 天。或复方病毒唑可溶性粉（含利巴韦林、金刚乙胺、环丙沙星、增效剂等）用于饮水（50 克/200 千克水）或用于拌料（50 克/75 千克饲料），1 天 2 次，连用 3～5 天（如果伴有呼吸道感染，可加入阿米卡星等一起注射）。

处方 2：青霉素 80 万国际单位 5 支，链霉素 100 万国际单位 3 支，板蓝根针剂 10 支，复方黄连素针剂 20 支，维生素 B_1 注射液 10 支，维生素 B_2 注射液 10 支，维生素 C 注射液 10 支，地塞米松注射液 10 支，10％葡萄糖液 100 毫升，混合备用，按每只 2 毫升颈部皮下注射，1 天 2 次，连用 3～5 天。

处方 3：板蓝根 800 克、白头翁 500 克、黄连 800 克、黄柏 500 克、山栀子 500 克、黄芩 800 克、金银花 200 克、地榆 200 克、穿心莲 500 克、甘草 200 克（黄连解毒汤加减治疗），每剂 2 次煎汁 70～80 千克，浓缩药液至 40～50 千克，供 1500 只 3 周龄的番鸭自由饮用，每日 1 剂（重症不能自饮的病鸭用注射器灌服，每只番鸭 3～5 毫升，7～8 小时喂 1 次）。服药期间适当减少供水量。采用中药治疗的同时，给已感染发病的番鸭注射 1 次抗番鸭细小病毒血清，每只番鸭 0.8 毫升，病情严重的番鸭每只注射 1 毫升，连用 2 次。

处方 4：金银花 20 克、陈皮 20 克、栀子 20 克、白芍 20 克、柴胡 15 克、川芎 10 克、枳实 10 克、玄胡 10 克、川贝 10 克、生甘草 10 克，以上为 500 羽 10～20 日龄的雏鸭 1 日的剂量，一般用药 2～4 剂。

四、雏番鸭"花肝病"

雏番鸭"花肝病"（鸭呼肠孤病毒病）是由番鸭呼肠孤病毒引起的、对雏番鸭有着较高发病率和病死率的一种传染病。临床上以腹泻、肝脏表面形成大量的灰白色小点或花斑点等为特征。

【病原】本病的病原为番鸭呼肠孤病毒，属呼肠孤病毒科正呼肠孤病毒属。

【流行病学】目前认为该病可发生于雏番鸭、雏半番鸭、雏鸭，其他品种的鸭不感染该病。本病多发生于 7～35 日龄，以 10 日龄、25 日龄的雏番鸭为最易感鸭群，发病率为 60%～90%，病死率为 50%～80%。日龄越小发病率和病死率越高。在饲养雏番鸭的地区均有该病的发生，该病既可经水平传播，也可经垂直传播，但其发生无明显的季节性，天气骤变、卫生条件差、饲养密度高等因素易促发本病。

【临床症状】病鸭的精神高度沉郁、不愿活动，全身乏力，软脚、多蹲伏，食欲和饮欲减退；腹泻，排白色或绿色稀粪。病程一般为 2～14 天，死亡高峰在发病后的 5～7 天。重症鸭呼吸急促，患鸭机体脱水，迅速消瘦，最后因衰竭而死亡。

【病理变化】病死鸭最特征的剖检病变为肝脏、脾脏表面密布大量的针尖大的白色坏死点，使得肝脏和脾脏呈现"花斑状"。此外，胰腺、肾脏及肠道壁均可见数量不等的白色坏死点。病程略长的病例可见心包炎，表现心外膜增厚，与胸骨粘连及心包积液。病程 1 周以上的病鸭常见跗关节肿大、发热，切开可见肌腱水肿及关节液增多或干酪样渗出物。

【实验室诊断】病毒的分离鉴定。

【鉴别诊断】

1. 雏番鸭"花肝病"与鸭"白点病"的鉴别

[相似点] 雏番鸭"花肝病"与鸭"白点病"均有精神沉郁、不愿活动、全身乏力、软脚和腹泻、多蹲伏、腹泻等临床症状以及相似的肝脾病变，临床上很难辨别。

[不同点] 鸭"白点病"是由鸭疱疹病毒Ⅲ型引起的番鸭和半番鸭的一种病毒性传染病。"白点病"的多发日龄为 10～32 日龄和 50～75 日龄两个日龄段。麻鸭也可发病。而雏番鸭"花肝病"的多发日龄为 5 日龄，雏番鸭多发，偶见雏半番鸭发病。鸭"白点病"常伴有肠黏膜出血环，而雏番鸭"花肝病"常伴有软脚症状及跗关节肿大。

2. 雏番鸭"花肝病"与鸭巴氏杆菌病的鉴别

〔相似点〕雏番鸭"花肝病"与鸭巴氏杆菌病均有精神沉郁、食欲减退、软脚和腹泻等临床表现，以及肝脏肿大、有灰白色针头大的坏死灶等病理变化。

〔不同点〕鸭巴氏杆菌病是由多杀性巴氏杆菌引起的急性败血性传染病，发病率和病死率很高，青年鸭、成年鸭比雏鸭更易感，而雏番鸭"花肝病"则是雏鸭易感，发病率和病死率高。鸭巴氏杆菌病表现肝脏肿大，有灰白色针头大的坏死灶，还表现有心冠脂肪组织有出血斑、心积液及十二指肠黏膜严重出血等病变，而雏番鸭"花肝病"不仅肝脏肿大、有灰白色针头大的坏死灶，在脾脏、胰腺及肾脏也可见与肝脏相似的变化。肝脏涂片、心包液涂片，革兰染色或美蓝（亚甲蓝）染色，鸭巴氏杆菌病可见有许多两极染色的卵圆形小杆菌。用肝脏和心包液接种鲜血培养基能分离到巴氏杆菌，而雏番鸭"花肝病"均为阴性。

3. 雏番鸭"花肝病"与鸭沙门菌病的鉴别

〔相似点〕雏番鸭"花肝病"与鸭沙门菌病均有病鸭精神沉郁、不愿走动、腿软、食欲减退、下痢等临床表现以及肝脏和肠壁上有大量的灰白色的坏死点的病理变化。

〔不同点〕鸭沙门菌病是由沙门菌属中的一些在血清学上有关系的种引起的鸭的急性或慢性传染病。沙门菌病病鸭肝脏呈古铜色，肠黏膜呈糠麸样坏死，而雏番鸭"花肝病"病鸭还表现脾脏、胰腺及肾脏的灰白色坏死点。用肝脏接种麦康凯培养基平板，雏番鸭"花肝病"

病鸭无细菌生长，而鸭沙门菌能长出白色菌落。土霉素、甲砜霉素、氟甲砜素、氟哌酸、复方敌菌净、环丙沙星、恩诺沙星等对鸭沙门菌病均有良好的治疗效果，但对雏番鸭"花肝病"无效。

4. 雏番鸭"花肝病"与鸭疫里氏杆菌病的鉴别

[**相似点**] 雏番鸭"花肝病"与鸭疫里氏杆菌病均有精神沉郁、不愿活动、全身乏力等临床表现及肝脏病变。

[**不同点**] 鸭疫里氏杆菌病是由鸭疫里氏杆菌引起的一种严重危害雏鸭、雏火鸡和雏鹅等多种禽类的高致病性、接触性传染病，临床表现特点为缩颈、眼与鼻孔有分泌物、绿色下痢、共济失调和抽搐，剖检为心包炎、肝周炎和气囊炎，而雏番鸭"花肝病"病鸭则没有肝周炎和气囊炎的变化。鸭疫里氏杆菌病多发生于1～8周龄各品种的鸭，而雏番鸭"花肝病"则发生于7～35日龄的雏番鸭、雏半番鸭和雏鸭。

5. 雏番鸭"花肝病"与鸭衣原体病的鉴别

[**相似点**] 雏番鸭"花肝病"与鸭衣原体病均有精神沉郁、步态不稳、食欲废绝、腹泻、排绿色水样稀粪等临床表现及肝脏病变。

[**不同点**] 鸭衣原体病是由鹦鹉热衣原体引起的一种接触传染性疾病，病鸭眼和鼻孔流出浆液性或脓性分泌物，眼睛周围的羽毛上有分泌物干燥凝结成的痂块。病理变化表现心包炎与雏番鸭"花肝病"有相似之处，但鸭衣原体病病鸭还表现肝周炎和气囊炎，雏番鸭"花肝病"则没有肝周炎和气囊炎的变化；鸭衣原体病鸭眼结膜常发生炎症，病程长者眼球萎缩，而雏番鸭"花肝病"

病鸭眼结膜常无病变。

【防制】

1. 预防措施

（1）加强管理 加强雏番鸭的饲养管理工作，尤其是做好育雏室的保温工作，是预防本病的主要措施之一。做好种鸭的净化工作，患过本病的鸭群不能留作种用，加强种鸭场、孵化室及种蛋的消毒工作。

（2）免疫接种 种番鸭免疫：在产蛋前2周应用油乳剂灭活苗进行免疫，免疫后3个月后加强1次，整个产蛋期孵出的雏番鸭获得母源抗体，使雏番鸭在15日龄左右能抵抗病毒的感染。

雏番鸭免疫：经种番鸭免疫后代的雏番鸭，应在15日龄左右用灭活苗＋转移因子/白介素进行免疫；未经免疫种番鸭后代的雏番鸭，应在1周日龄内，用灭活苗＋转移因子/白介素进行免疫。

2. 发病后的措施

（1）加强隔离和消毒 封闭鸭舍，避免闲杂人员进入。进入鸭舍的设备用具要消毒；鸭舍周围环境消毒，可采用2%火碱、0.3%次氯酸钠、1%农福、复合酚消毒剂等喷洒；鸭舍内带鸭消毒用0.3%过氧乙酸、复合酚消毒剂、氯制剂等效果良好，

（2）药物治疗 发生本病时，通过注射雏番鸭"花肝病"高免卵黄抗体，可收到满意的效果。对于有并发感染的病例，结合应用广谱抗菌药物可明显提高疗效。

处方：①雏番鸭"花肝病"高免卵黄抗体（1.0～2.0毫升/羽），同时用金刚乙胺和环丙沙星各1克，加水20～40千克，饮

用 2～3 天。②青霉素 80 万国际单位 5 支，链霉素 100 万国际单位 3 支，板蓝根针剂 10 支，复方黄连素针剂 20 支，维生素 B_1 注射液 10 支，维生素 B_2 注射液 10 支，维生素 C 注射液 10 支，地塞米松注射液 10 支，10% 葡萄糖液 100 毫升，混合备用，按每只 2 毫升颈部皮下注射，1 天 2 次，连用 3～5 天。对于病程较长表现关节炎的病鸭，可添加地塞米松及安痛定（阿尼利定），还应注意防止病鸭打堆或互相踩踏。

注意：其他防制方案可参考鸭流感、鸭瘟、雏鸭病毒性肝炎等的治疗方案。

五、雏番鸭小鸭瘟

雏番鸭小鸭瘟是由小鸭瘟病毒引起的一种番鸭的急性或亚急性败血症。临床上以雏番鸭和雏鸭均可发病、传播快、发病率与病死率高、渗出性肠炎等为特征。

【病原】本病的病原为小鸭瘟病毒，属细小病毒科。该病毒不能凝集鸡、鸭、鹅、小白鼠、兔和羊等的红细胞，但能凝集黄牛精虫。

【流行病学】本病多发于冬季和早春季节。在自然条件下只有雏番鸭和雏鸭发生本病，其他禽类和哺乳动物不发病。本病多发于 5～25 日龄的雏番鸭，但随着日龄的增长，易感性降低，1 月龄以上的番鸭也有发生，成年番鸭多不发病而呈带毒者。20 日龄内的雏番鸭发病时病死率常高达 95%，发病日龄越小，发病率和病死率越高，而 20 日龄以上的雏番鸭发病时，病死率一般不超过 60%。

【临床症状】易感雏番鸭的临床症状随日龄的变化而不同，10 日龄内的雏番鸭发病后迅速出现厌食、腹泻、衰竭，突然倒地抽搐后不久死亡，病程为 2～4 天。而日龄稍大的雏番鸭发病后最初表现厌食，嗉囊空虚，内有混合液体和气体，喙部和蹼表发绀。病雏番鸭排出大量的黄色或淡黄绿色水样稀粪。

有的番鸭场，20～45 日龄段的番鸭有时发生上喙变短、软脚、腹泻、低病死率为特征的疾病，有人认为是雏番鸭感染小鸭瘟的一种病型。

【病理变化】本病的剖检病变主要在消化道，其中以肠道病变较为明显。腺胃和肌胃黏膜水肿、出血，交界处黏膜溃疡、糜烂，腺胃角质层糜烂脱落；肠道外观淤血肿胀，肠道（尤其是十二指肠）黏膜出血，小肠的中、后段整片肠黏膜坏死脱落与纤维素性渗出物凝固形成特征性栓子或假膜，包裹在肠内容物表面，状如腊肠，质地坚硬，堵塞肠腔；小日龄的雏番鸭有时肠管外壁见环状细纹，外观似蚯蚓样，肠腔内积有脱落的肠黏膜碎片或黏稠的内容物，肠壁变薄，内壁光滑，呈淡红色或苍白色。肝脏肿大，呈紫红色，质地脆，心肌及冠状脂肪有针状出血点；胆囊充盈，胆汁浓稠；肾脏微肿；脑膜下血管充血。

【实验室诊断】病毒的分离鉴定、病毒中和试验、琼脂扩散试验等。

【鉴别诊断】

1. 雏番鸭小鸭瘟与雏番鸭细小病毒病的鉴别

［相似点］雏番鸭小鸭瘟与雏番鸭细小病毒病均有精神不振、食欲废绝、腿脚无力、腹泻等临床症状及肠道病变。

[**不同点**] 雏番鸭细小病毒病是由番鸭细小病毒引起的一种急性或亚急性传染病，主要侵害出壳后数日龄至3周龄左右的雏番鸭，成年番鸭多不发病，而雏番鸭小鸭瘟多发于5～25日龄的雏番鸭，1月龄以上的番鸭也有发病；雏番鸭细小病毒病只侵害雏番鸭，而雏番鸭小鸭瘟可侵害雏番鸭和雏鸭；雏番鸭细小病毒病胰腺表面有大量的白色坏死点，肠道呈卡他性肠炎，存在腹泻，而雏番鸭小鸭瘟较雏番鸭细小病毒病的发病率与病死率更高，严重腹泻，肠道病变更为明显，呈渗出性肠炎，且患病雏番鸭胰腺无白色坏死点。另外，还可采用易感雏鸭和易感雏番鸭做感染试验，如同时引起雏番鸭和雏鸭发病死亡，则为小鸭瘟病毒所致。

2. 雏番鸭小鸭瘟与鸭副黏病毒病的鉴别诊断

[**相似点**] 雏番鸭小鸭瘟与鸭副黏病毒病均有精神不振、减食或废食、拉稀、腿无力等临床表现和肠道表现卡他性炎症、黏膜有不同程度的充血和出血等病理变化。

[**不同点**] 鸭副黏病毒病是由禽Ⅰ型副黏病毒引起的一种病毒性传染病，开始排白色稀粪，中期粪便转红色，后期呈绿色或黑色。小鸭的肠道病变更为明显，特征性病变为小肠的中、后段整片肠黏膜坏死脱落与纤维素性渗出物凝固形成栓子或假膜，包裹在肠内容物表面，状如腊肠，质地坚硬，堵塞肠腔。而鸭副黏病毒病的病变以十二指肠和直肠出血为特征。鸭副黏病毒病可发生于各品种的鸭和鸡，而雏番鸭小鸭瘟多发于雏鸭和雏番鸭。鸭副黏病毒病表现扭头、转圈或歪脖等神经症状，而雏番鸭小鸭瘟则没有神经症状。

3. 雏番鸭小鸭瘟与鸭巴氏杆菌病的鉴别

[**相似点**] 雏番鸭小鸭瘟与鸭巴氏杆菌病均有传染性，嗜睡，少食或废食，饮水多，鼻流黏液，拉稀，喙蹼发紫，腿无力，不愿走动。剖检可见肠充血出血。

[**不同点**] 鸭巴氏杆菌病的病原为巴氏杆菌。3～4月龄最易感。剖检可见心包充满黄色液体，心内膜、心肌、冠状沟脂肪有出血，肝脂肪变性，有小点出血和坏死点，肠内容物呈污红色。有关节炎时，关节面粗糙、有干酪样物。病料涂片，用美蓝或瑞氏染色，镜检可见两端着色的卵圆形短杆菌。

4. 雏番鸭小鸭瘟与鸭球虫病的鉴别

[**相似点**] 雏番鸭小鸭瘟与鸭球虫病均有传染性，委顿、嗜睡，减食或废食，离群，拉稀粪，嗉囊含有液体，迅速消瘦。剖检可见小肠有白色栓子。

[**不同点**] 鸭球虫病的病原为球虫。稀粪初成糊状，后为白色水样，严重时排红色血粪，粪内充满液体，后期排出长条状腊肠样粪，表面呈灰色或灰白色、灰黄色。剖检可见球虫寄生部位黏膜明显脱落，并成一条坚实的灰白色肠芯。内脏无明显变化。取肠组织或回肠切片，可见大量的球虫裂殖体和卵囊。

【防制】

1. 预防措施

（1）加强饲养管理和隔离卫生　加强饲养管理，改善饲养条件，饲料中加入抗菌药（或饮水中加入0.05%的环丙沙星或0.1%的卡那霉素），增加鸭体的抵抗力；交替使用过氧乙酸、百毒杀、次氯酸钠对环境、场地及番鸭群进行彻底消毒；因鸭瘟主要是通过孵化传播的，必须加强孵化过程中的卫生管理。孵化的一切用具及场所在每次用后，必须彻底清洗消毒，最好用甲醛熏蒸消毒收购来的种蛋及发生过本病的孵化室，再进行孵化。死亡的雏番鸭应采用无害化方法处理。用具及场舍彻底消毒后，最好是用甲醛-高锰酸钾混合液熏蒸、消毒一定时间后，再行使用。刚出壳的雏番鸭，不要与新收进的种蛋及大鸭接触，以防被感染。

（2）免疫接种　有主动免疫和被动免疫。主动免疫，种番鸭在产蛋前 15～20 天用鸭胚化小鸭瘟弱毒苗进行皮下或肌内注射，免疫 15～100 天能抵御小鸭瘟病毒的感染。种番鸭的免疫期为 4 个月左右，免疫 4 个月后，种番鸭必须再次免疫。种番鸭未经主动免疫的，雏番鸭必须进行预防注射，在雏番鸭出壳 48 小时内用弱毒苗进行免疫，免疫后 7 天内严格隔离饲养，防止强毒感染。被动免疫，在本病流行区域，或已被本病病毒污染的孵化器，雏番鸭孵出后立即皮下注射高免血清或卵黄抗体，可达到预防控制本病的流行发生的目的。

2. 发病后的措施

（1）加强隔离和消毒　隔离病番鸭，病死番鸭的尸体集中进行无害化处理，每天用 0.2％过氧乙酸带鸭消毒 1 次，保持鸭舍的清洁卫生，通风透气。

（2）药物治疗　宜采取抗体疗法，同时配合抗病毒、抗感染等辅助疗法。

处方 1：①立即注射抗小鸭瘟高免卵黄液或高免血清，每羽注射 1～2 毫升，严重病例可再注射 1 次。如果伴有呼吸道感染，可加入阿米卡星一起注射。②将利巴韦林和 30% 磺胺-6-甲氧嘧啶加入饲料（1 克/千克饲料）或饮水（1 克/5 千克水）喂服，连用 3～4 天。

处方 2：复方病毒唑可溶性粉（含利巴韦林、金刚乙胺、环丙沙星、增效剂等）用于饮水（50 克/200 千克水）或用于拌料（50 克/75 千克饲料），1 天 2 次，连用 3～5 天。

处方 3：新鲜鱼腥草适量，捣汁灌服或自饮，病重鸭每羽每次 1～2 毫升，分早、中、晚 3 次灌服，连服 3～5 天。或每羽喂服白胡椒 2 粒，连服 3～5 天，有一定的疗效。

处方 4：马齿苋 120 克、黄连 50 克、黄芩 80 克、黄柏 80 克、连翘 75 克、金银花 85 克、白芍 70 克、地榆 90 克、栀子 70 克（200 羽鸭的用量），水煎取汁，灌服或拌料混饲，每日 2 次，连用 3～4 天。

处方 5：板蓝根 30 克、金银花 20 克、黄芩 30 克、柴胡 20 克、官桂 10 克、赤石脂 5 克、生地 20 克、赤芍 10 克、水牛角 5 克（为 100 羽雏鸭的剂量，以每羽每天用药 1～1.5 克计总量）。以上药物水煎取汁，加适量水稀释供鸭自饮或拌料饲喂；也可共研磨，以开水焖泡 30 分钟，滤液供鸭自饮，药渣拌料饲喂。病重鸭每天灌药 1.5～2 克，连用 2～3 天。

注意：其他防制方案可参考鸭流感、鸭瘟、雏鸭病毒性肝炎等的治疗方案。

六、鸭出血症

鸭出血症是由鸭疱疹病毒 II 型引起的可侵害各品种鸭、各日龄鸭的出血性传染病，又称为鸭"黑羽病"、鸭"乌管病"和鸭"紫喙黑足病"等。我国的福建、广东、浙江等南方数省均有该病发生，且发生本病的病鸭群易并发或继发细菌性传染病（如鸭传染性浆膜炎、鸭大肠杆菌病等）或病毒性传染病（如雏鸭病毒性肝炎、鸭流感等），因而易被人们所忽视。

【病原】本病的病原为鸭疱疹病毒Ⅱ型。与鸭瘟病毒（又称为鸭疱疹病毒Ⅰ型）同为疱疹病毒科的成员，病毒粒子较大。37℃下可凝集 Balb/c 小鼠红细胞，而不凝集人（O 型血）、家兔、小白鼠、豚鼠、猪、绵羊、鸭、鸡、鹅和鸽子的红细胞。

【流行病学】番鸭、半番鸭、麻鸭、北京鸭、樱桃谷鸭、野丽佳鸭、枫叶鸭等各品种的鸭均可感染发病，但以番鸭最易感。尚未发现其他禽类和哺乳类动物发生本病。本病多发于 10～55 日龄的鸭群，但其他日龄段的鸭也有发病。发病率、病死率高低不一，而且与发病鸭的日龄密切相关，在 35 日龄内日龄越小，发病率、病死率越高，有时高达 80%。35 日龄以上单一感染本病的鸭群，随着日龄的增长，日病死率为 1.0%～1.7%。该病主要经污染的水源而传播，消化道为易感鸭的主要感染途径。在实验条件下，该病毒可通过经口、静脉、肌肉等途径传染。本病的发生无明显的季节性，一年四季均有散发，但在气温骤降或阴雨寒冷天气时发病较多。

【临床症状】本病的特征性临床症状为病鸭或病死鸭双翅羽毛管内出血或淤血，外观呈紫黑色，出血变黑的羽毛管易断裂和脱落。病死鸭上喙端、爪尖、足蹼末梢周边发绀，也呈紫黑色。病、死鸭口、鼻中流出黄色液体，沾污上喙前端和口部周围的羽毛，有的羽毛甚至被染成黄色。

【病理变化】本病的特征性剖检病变为双翅羽毛管内

出血及组织脏器出血或淤血，具体表现为肝脏稍肿大，呈树枝状出血或淤血，胰脏常出血，可见出血点或出血斑或整个胰腺均出血呈红色。小肠、直肠、盲肠明显出血，有时在小肠段可见出血环。脾脏、肾脏、大脑、法氏囊等轻度出血或淤血。

【实验室诊断】病毒的分离鉴定、中和试验、血凝及血凝抑制试验、免疫荧光试验等方法。

【鉴别诊断】

1. 鸭出血症与鸭瘟的鉴别

[相似点] 鸭出血症与鸭瘟均可感染各种日龄的鸭，小肠和直肠有明显出血的病理变化。

[不同点] 鸭瘟是鸭瘟病毒引起的一种高病死率的急性传染病，成年鸭的发病率和死亡率较高，30日龄以内的雏鸭却较少发病，而鸭出血症多发于10～55日龄的鸭群；鸭瘟病鸭的食道黏膜和泄殖腔黏膜有黄褐色坏死假膜或溃疡，鸭出血症则没有这一变化；鸭瘟的肝脏变化为有灰黄色或灰白色的坏死点，少数坏死点中间有小出血点，而鸭出血症肝脏则为稍肿大，呈树枝样出血或淤血。

2. 鸭出血症与鸭球虫病的鉴别

[相似点] 鸭出血症与鸭球虫病均有精神委顿、食欲缺乏等临床表现及肠道出血的病理变化。

[不同点] 鸭球虫病（泰泽属球虫，艾美耳属球虫，温扬属球虫或孢属球虫）是由鸭球虫引起的鸭高发病率、高病死率的一种寄生虫病。鸭球虫病常伴有淡红色或深红色胶冻样血性黏液，而鸭出血症除肠道出血外，肝脏、脾脏、胰腺和肾脏均有不同程度的出血；鸭球虫病多发

生于 20～40 日龄的鸭，以排暗红色或桃红色稀粪为特征，而鸭出血症可侵害不同日龄的鸭，鸭粪便无特征性变化，以双翅羽毛管内出血或淤血，外观呈紫黑色为特征；鸭球虫病可用抗球虫药治疗，且效果不错，鸭出血症则用药治疗无效。

3. 鸭出血症与种鸭坏死性肠炎的鉴别

[相似点] 鸭出血症与种鸭坏死性肠炎均有肠道黏膜充血、出血的病理变化。

[不同点] 种鸭坏死性肠炎是由产气荚膜梭菌引起的一种消化道传染病，其病理变化中的肠黏膜充血、出血与鸭出血症有相似之处，但还伴有肠黏膜增厚，附着一层黄绿色伪膜，肠内容物混有血液，而鸭出血症没有这一变化；鸭出血症除肠道出血外，肝脏、脾脏、胰腺和肾脏均有不同程度的出血，坏死性肠炎无这一变化；坏死性肠炎发生于种鸭，而出血症可侵害不同日龄的鸭。

4. 鸭出血症与鸭流感的鉴别

[相似点] 鸭出血症与鸭流感均有肝脏出血的病理变化。

[不同点] 鸭流感是由禽流感病毒引起的一种病毒性传染病，其中由 H_5 亚型病毒引起的发病率和病死率很高。但鸭流感除肝脏出血外还伴有胰腺出血、表面有大量针尖大小的白色坏死点或透明样液化灶，心肌表面有白色条纹样坏死等，而鸭出血症没有这种变化；鸭流感发病时一般会出现各种神经症状，如扭颈呈 S 状、头顶触地、仰翻、侧卧、横冲直撞和共济失调等，而鸭出血症不表现神经症状。将病料接种易感鸭胚，如死亡胚尿

囊液对鸡血球红细胞具有血凝活性，并能被禽流感抗血清所抑制，可认为是鸭流感病毒所致，如死亡胚尿囊液对鸡血球红细胞无血凝活性，可认为是鸭出血症。

5. 鸭出血症与雏鸭病毒性肝炎的鉴别

[**相似点**] 鸭出血症与雏鸭病毒性肝炎均有肝脏出血的病理变化。

[**不同点**] 鸭病毒性肝炎是雏鸭的一种传播迅速和高度致死性的病毒性传染病，1～2周龄的易感雏鸭有较大的发病率和致死率，超过3周龄的雏鸭不发病，而鸭出血症可发生于各种日龄的鸭；鸭病毒性肝炎表现以头颈背向呈角弓反张状为主的神经症状，且多在临死前发生，而鸭出血症一般不会出现神经症状；雏鸭病毒性肝炎的肝脏出血以点状、条状或刷状为主，而鸭出血症的肝脏出血以树枝状为主。

【防制】

1. 预防措施

（1）加强隔离卫生　从无感染区引种，避免与污染材料直接或间接接触。防止接触被该病毒污染的水环境，应采取一切措施防止水流散毒。当疫病传入后，采取扑杀、从污染环境中转出以及环境清洁消毒等有效措施，并对所有易感雏鸭进行免疫接种。在未流行该病的地区，应进一步采取措施防止本病传入，并防止本病扩散到无该病的地区。

（2）免疫接种　有主动免疫和被动免疫。主动免疫，肉鸭于10日龄内肌注鸭出血症弱毒疫苗0.2～0.5毫升/羽；种鸭或蛋用鸭在开产前10～12天于颈部背侧皮下再次注射鸭出血症灭活疫苗（0.50～1.0毫升/羽）。被动免疫，对于有些鸭场，本病的发生多集中于某日龄段（如20～35日龄），其他日龄少见或不发病，仅需于发病日龄前2～3天注射鸭出血症高免卵黄抗体（1～1.5毫升/羽）即可。

2. 发病后的措施

（1）加强隔离和消毒　封闭育雏舍，避免闲杂人员进入。进入鸭舍的设备用具要消毒；鸭舍周围环境消毒，可采用2%火碱、0.3%次氯酸钠、1%农福、复合酚消毒剂等喷洒；鸭舍内带鸭消毒用过氧乙酸、复合酚消毒剂、氯制剂等效果良好。

（2）药物治疗　宜采取抗体疗法，同时配合抗病毒、抗继发感染等辅助疗法。

处方1：鸭出血症高免卵黄抗体（1.5～3.0毫升/羽）注射，也可加入利巴韦林注射液一起注射，同时投服头孢氨苄可溶性粉以防继发细菌性传染病。

处方2：利巴韦林和聚肌胞合剂，肌内注射时每瓶（200毫升）用于1000羽鸭，加入饮水中，每瓶加水200千克，连用3天。或复方金刚乙胺用于饮水（50克/250千克），1日1次，连用3～5天。

注意：其他防制方案可参考鸭流感、鸭瘟、雏鸭病毒性肝炎等的治疗方案。

七、鸭"白点病"

鸭"白点病"是由鸭疱疹病毒Ⅲ型引起的番鸭和半番鸭的一种病毒性传染病。该病的发病率、病死率均较高，临诊中以肝、脾、胰腺、肾脏表面有大量的白色坏死点及肠道明显出血、出血环为特征，是目前危害养鸭业的又一大敌。

【病原】本病的病原初步认为是疱疹病毒科的新成员——鸭疱疹病毒Ⅲ型，与"鸭出血症"病毒、鸭瘟病毒同属疱疹病毒科。

【流行病学】番鸭、半番鸭和麻鸭等均有发病死亡，但以番鸭最强、病死率最高。经调查发现 8～90 日龄的鸭多见感染发病，番鸭多集中于 10～32 日龄、50～75 日龄两个日龄段发病，尤其是前一日龄段雏番鸭发病更为多见；在麻鸭，多见产蛋前后的麻鸭发病；在半番鸭，多见于 1 月龄以上者发病。

不同品种、不同日龄的鸭感染该病后的发病率、病死率差异较大，日龄愈小，其发病率、病死率愈高。8～25 日龄的雏番鸭的发病率、死亡率最高，发病率高达 100%，病死率达 95%以上；50 日龄以上的番鸭，发病率为 80%～100%，病死率为 60%～90%；半番鸭的发病率为 20%～35%，病死率高达 60%；麻鸭，尤其是开产的成年麻鸭，发病率低，病死率也较低，主要表现为产蛋下降。

在我国福建、浙江、广东等地均有该病发生，但无明显的季节性，一年四季均有发生。发生本病的病鸭有的并发或继发感染性浆膜炎或雏鸭副伤寒（雏鸭）或大肠杆菌病或鸭霍乱（中、大鸭）。

【临床症状】病鸭精神高度沉郁、不愿活动；全身乏力，软脚，多蹲伏；无规则地摆头，有的扭颈或转圈；食欲和饮欲减退；严重腹泻，排白色或绿色稀粪，肛周羽毛沾有多量粪便。

【病理变化】病死鸭最特征的剖检病变为肝脏、脾脏、胰腺、肾脏有数量不等、针尖大的白色或红白色坏死点。肠道（主要是十二指肠、直肠）出血有出血环。此外，脑壳内壁、脑膜等轻度出血，胆囊充盈胆汁、极度鼓胀。

【实验室诊断】病毒的分离鉴定和血清中和试验等。

【鉴别诊断】

1. 鸭"白点病"与鸭巴氏杆菌病的鉴别

［相似点］鸭"白点病"与鸭巴氏杆菌病均有精神沉郁、食欲和饮欲减退、腹泻等临床症状和肝脏坏死的病理变化。

［不同点］鸭巴氏杆菌病是由多杀性巴氏杆菌引起的急性败血性传染病，发病率和病死率很高，青年鸭、成年鸭比雏鸭更易感，而鸭"白点病"则是雏鸭易感，发病率和病死率高。鸭巴氏杆菌病的鸭表现肝脏肿大，有灰白色针头大的坏死灶，而鸭"白点病"的肝脏表面有数量不等的针尖大的白色或红白色坏死点，二者有相似之处，但鸭巴氏杆菌病还表现有心冠脂肪组织有出血斑、心包积液及十二指肠黏膜严重出血等病变，鸭"白点病"则在脾脏、胰腺及肾脏可见与肝脏相似的变化。肝脏触片、心包液涂片，革兰染色或美蓝染色，鸭巴氏杆菌病可见有许多两极染色的卵圆形小杆菌。用肝脏和心包液接种鲜血培养基能分离到巴氏杆菌，而鸭"白点病"均为阴性。

2. 鸭"白点病"与雏番鸭"花肝病"的鉴别

［相似点］鸭"白点病"与雏番鸭"花肝病"均有精

神高度沉郁、不愿活动、全身乏力、软脚、多蹲伏等临床表现及相似的肝脾病变。

[**不同点**] 雏番鸭"花肝病"是由番鸭呼肠孤病毒引起的对雏番鸭有着较高发病率和病死率的一种传染病。流行病学方面，鸭"白点病"的多发日龄为 10～32 日龄和 50～75 日龄两个日龄段，半番鸭和麻鸭也可发病，而雏番鸭"花肝病"的多发日龄为 7～35 日龄，雏番鸭多发，偶见雏半番鸭发病。病理变化中肝脾的病变二者很相似，鸭"白点病"常伴有肠黏膜出血及出血环，而雏番鸭"花肝病"常伴有软脚症状及跗关节肿大。

3. 鸭"白点病"与鸭沙门菌病的鉴别

[**相似点**] 鸭"白点病"与鸭沙门菌病均有精神委顿、食欲减退、腹泻等临床表现及肝脏和肠壁上有大量灰白色的坏死点的病理变化。

[**不同点**] 鸭沙门菌病是由沙门菌属中的一些在血清学上有关系的种引起的鸭的急性或慢性传染病。沙门菌病除肝脏和肠壁上有大量灰白色的坏死点外，鸭肝脏常呈古铜色，肠黏膜呈糠麸样坏死，而鸭"白点病"病鸭还表现脾脏、胰腺及肾脏的灰白色坏死点及肠道出血环；用肝脏接种麦康凯平板，鸭"白点病"病鸭无细菌生长而鸭沙门菌能长出白色菌落。

【防制】

1. 预防措施

（1）疫苗免疫接种　应用鸭"白点病"疫苗可有效地预防本病。目前已有鸭"白点病"灭活蜂胶疫苗、油乳剂疫苗和弱毒疫苗应用，应在 1 周龄内注射。

（2）平时其他预防措施　饲喂全价日粮；实行严格的环境卫生和消毒措施；水源消毒；进出人员消毒等。一旦暴发本病，应立即隔离，对鸭舍进行彻底消毒。

2. 发病后的措施

（1）加强隔离和消毒　封闭鸭舍，避免闲杂人员进入。进入鸭舍的用具要消毒；鸭舍周围环境消毒，可采用2％火碱、次氯酸钠、1％农福、复合酚消毒剂等喷洒；鸭舍内带鸭消毒用过氧乙酸、复合酚消毒剂、氯制剂等效果良好。

（2）治疗　发生本病时，通过注射鸭"白点病"高免卵黄抗体可收到满意的效果。对于有并发感染的病例，结合应用广谱抗菌药物可明显提高疗效。

处方1：①尽早注射鸭"白点病"高免卵黄抗体（1.0～2.0毫升/羽），同时用金刚烷胺和环丙沙星各1克，加水20～40千克，饮用2～3天。

处方2：复方金刚乙胺，用于饮水（50克/250千克水），1日1次，连用3～5天。

注意：其他防制方案可参考鸭流感、鸭瘟、雏鸭病毒性肝炎等的治疗方案。

八、禽副黏病毒病

禽副黏病毒病（新城疫）是由禽Ⅰ型副黏病毒引起的导致禽类发生消化道和呼吸道症状的传染病。禽Ⅰ型副黏病毒所引起的禽类疾病类型和严重程度有很大的差异；不同的分离株感染禽类后其临床表现、危害程度等随着宿主种类、日龄大小、免疫状况及感染毒株的毒力的不同而存在差异。以往认为水禽只是该病毒的储存宿主、带毒而不发病。但 1997 年 7 月以来，陆续报道了鸭、鸬鹚、番鸭等水禽感染了禽 I 型副黏病毒引起死亡的病例。事实证明，鸭等水禽已成为禽 I 型副黏病毒自然感染发病、死亡的易感禽类。

【病原】副黏病毒科副黏病毒亚科腮腺炎病毒属成员，至今有 9 个血清型，其中禽 I 型副黏病毒的代表毒株为新城疫病毒。

【流行病学】本病对番鸭、半番鸭、产蛋麻鸭以及鸭均有致死性，其中番鸭和鸭相对较敏感。肉鸭的发病日龄为 8～30 日龄，日龄越小，发病越严重。中大鸭的病情相对较轻或成隐性感染。各种年龄的鸭都具有较强的易感性，日龄愈小，发病率、死亡率愈高，雏鸭发病后常引起死亡。不同品种的鸭均可感染致病，对鸡亦有较强的易感性。发生本病的鸭群，其附近尚未接种疫苗的鸡也可感染发病死亡。产蛋鸭和鸡感染后，可引起产蛋率下降。本病无季节性，一年四季均可发生，常引起地方性流行。发生该病后，病鸭和病鸡并非短时间内大批死亡，而是不间断地每天总有数只死亡，继发感染（主要是大肠杆菌病和鸭疫里氏杆菌病）使鸭群的病情加剧，造成较大的经济损失。

【临床症状】病初病鸭食欲减少，羽毛松乱，饮水增加，缩颈，两腿无力。早期拉白色稀粪，中期粪便可转为红色，后期则成绿色或黑色。部分病禽出现呼吸困难、甩头、口中有黏液蓄积。有些病鸭出现转圈或向后仰等神经症状。发病率可达 50%，死亡率可高达 20%～30%。

在产蛋鸭可出现产蛋率下降和蛋品质下降等症状。少数雏鸭发病后有甩头、咳嗽等呼吸道症状。雏鸭常在发病后 2~3 天内死亡，青年鸭、成年鸭的病程稍长，一般为 3~5 天。

【病理变化】肝、脾肿大，表面有大小不等的白色坏死灶，十二指肠、空肠和回肠出血、坏死，胰腺也有白色坏死点，结肠可见不同形状大小的溃疡。腺胃与肌胃交接处有出血斑。鸭口腔黏液较多，喉头出血，食道黏膜有灰白色或淡黄色结痂。在产蛋鸭可出现卵巢变性，输卵管炎症以及卵黄性腹膜炎等病变。

【实验室检查】病毒分离鉴定、鸭胚接种试验和人工感染试验等。

【类症鉴别】

1. 禽副黏病毒病与雏番鸭细小病毒病的鉴别

[相似点] 禽副黏病毒病与雏番鸭细小病毒病均有精神沉郁、食欲缺乏、呼吸困难、神经症状等临床表现和肠道表现卡他性炎症、黏膜有不同程度的充血和出血的病理变化。

[不同点] 雏番鸭细小病毒病是由番鸭细小病毒引起的一种急性或亚急性传染病，主要侵害出壳后数日龄至 3 周龄的雏番鸭，而鸭副黏病毒病的多发日龄为 8~30 日龄，中、大鸭也可感染发病，只是症状较轻；雏番鸭细小病毒病只侵害雏番鸭，而鸭副黏病毒病可侵害各品种的鸭；雏番鸭细小病毒病病鸭肠道呈卡他性炎症，黏膜有不同程度的充血和出血，与鸭副黏病毒病相似，但雏番鸭细小病毒病病鸭胰腺表面有大量的白色坏死点，

而鸭副黏病毒病胰腺的变化轻微，常见腺胃黏膜脱落和腺胃乳头轻微出血。

2. 禽副黏病毒病与雏番鸭小鸭瘟的鉴别

[相似点] 禽副黏病毒病与雏番鸭小鸭瘟均有精神不振、减食或废食、拉稀、腿无力等临床表现和肠道表现卡他性炎症、黏膜有不同程度的充血和出血等病理变化。

[不同点] 雏番鸭小鸭瘟多发于 5～25 日龄的雏番鸭。雏番鸭小鸭瘟肠道的卡他性肠炎和黏膜出血与鸭副黏病毒病有相似之处，但特征性病变为小肠的中、后段整片肠黏膜坏死脱落与纤维素性渗出物凝固形成栓子或假膜，包裹在肠内容物表面，状如腊肠，质地坚硬，堵塞肠腔。而鸭副黏病毒病的病变以十二指肠和直肠出血为特征，另外还有神经症状。

3. 禽副黏病毒病与雏鸭病毒性肝炎的鉴别

[相似点] 禽副黏病毒病与雏鸭病毒性肝炎均有临死之前表现神经症状及肝脏病变。

[不同点] 雏鸭病毒性肝炎是由鸭肝炎病毒引起的雏鸭的一种传播迅速和高度致死性的传染病。本病型多见于 20 日龄内的雏鸭群，发病急，传播快，病程短，出现典型的神经症状。病鸭的肝脏明显肿大，质地脆弱，色泽暗淡或稍黄，肝脏表面有明显的出血点或出血斑，有时可见有条状或刷状出血带。鸭副黏病毒病主要发生在 8～30 日龄的雏鸭，成年鸭也可以感染，感染后引起产蛋下降。肝、脾肿大，表面有大小不等的白色坏死灶，腺胃黏膜脱落和腺胃乳头轻微出血，胰腺的轻微出血或白色坏死点，腺胃与肌胃交接处有出血斑。

4. 禽副黏病毒病与鸭流感的鉴别

[相似点] 禽副黏病毒病与鸭流感均有呼吸道症状和神经症状以及内脏出血等病理变化。

[不同点] 鸭流感是由 A 型流感病毒感染引起鸭轻度呼吸道症状的一种疾病。鸭流感发生于各种日龄的鸭，会出现呼吸道症状。病初打喷嚏。一侧或两侧眶下窦肿胀。慢性病例，羽毛松乱，消瘦，生长发育缓慢。雏鸭流感还伴有胰腺出血、表面有大量针尖大小的白色坏死点或坏死斑，或透明样或液化样坏死点或坏死灶，心肌表面有白色条纹样坏死等。鸭副黏病毒病多发于 8～30 日龄各品种的鸭，中、大鸭的病情相对较轻。胰腺的变化轻微，常见腺胃黏膜脱落和腺胃乳头轻微出血，心肌偶有出血。将病料接种易感鸭胚，死亡胚尿囊液具有血凝活性，如能被禽流感抗血清所抑制，可认为是鸭流感病毒所致，如能被禽 I 型副黏病毒抗血清所抑制，可认为是鸭副黏病毒所致。

5. 禽副黏病毒病与鸭疫里氏杆菌病的鉴别

[相似点] 禽副黏病毒病与鸭疫里氏杆菌病均有头颈震颤、转圈、不停地点头或摇头，甚至角弓反张和抽搐等神经症状。

[不同点] 鸭疫里氏杆菌病是鸭疫里氏杆菌引起的家鸭、火鸡和多种禽类的一种急性或慢性传染病。该病的临床表现特点为缩颈、眼与鼻孔有分泌物、绿色下痢、共济失调和抽搐。病理变化的特点为纤维素性心包炎、肝周炎、气囊炎、干酪性输卵管炎和脑膜炎。而禽副黏病毒病常见腺胃黏膜脱落和腺胃乳头轻微出血，心肌偶

有出血。用肝脏接种巧克力琼脂，鸭疫里氏杆菌能生长而鸭副黏病毒病病鸭无细菌生长；将病料接种易感鸭胚，死亡胚尿囊液具有血凝活性并能被禽Ⅰ型副黏病毒抗血清所抑制，可认为是鸭副黏病毒所致，鸭疫里氏杆菌病病鸭的病料不会引起鸭胚死亡。

【防制】

1. 预防措施

饲喂全价日粮；鸭群增加青饲料（嫩牧草）。鸭鸡不混养，避免与野鸟接触；做好鸭场和鸭舍的隔离、卫生，禽舍和场地用1∶300稀释的双季铵盐络合碘液喷洒消毒，每天1次，连续7天；试用新城疫疫苗免疫接种。

2. 发病后的措施

首先隔离病鸡、病鸭，并对场地严格消毒，使用双链季铵盐-碘（鼎碘）按1∶800的浓度进行消毒，每天1次，连用5天。治疗宜采取抗体疗法，同时配合抗病毒、抗感染等辅助疗法。

处方1：新城疫高免卵黄液，每羽注射1毫升，严重病例可再注射1次。若在卵黄液中加入利高霉素和病毒唑（利巴韦林），治疗病鸭的效果更好。

处方2：生石膏200克、生地40克、水牛角40克、栀子20克、黄芩20克、连翘20克、知母20克、丹皮15克、赤芍15克、玄参20克、淡竹叶15克、甘草15克、桔梗15克、大青叶100克，以上为200羽雏鸭的剂量，煎水饮服，每日1剂，连用3天。

九、鸭流行性感冒

由A型流感病毒引起的家禽的一种急性传染病。水禽不但是禽流感病毒巨大的储存库，而且已成为自然感染、高度易感、死亡率高和重要传染源的禽类。从自然和人工感染病例，鸭、雏番鸭的发病率可高达100%，死亡率也可高达90%以上，其他年龄的番鸭的发病率达90%以上，死亡率达80%以上。肉鸭，尤其是樱桃谷肉鸭、半番肉鸭的发病率可达80%以上，死亡率为40%～80%；肉种鸭的发病率为40%～50%，死亡率为30%～40%。

【病原】禽流感病原体是 A 型流感病毒，属于正黏病毒科流感病毒属，其形状呈球状、杆状或长丝状，病毒粒子的直径为80～120纳米，粒子表面有一层棒状和蘑菇状的纤突，根据血凝素 HA 与神经氨基酸酶 NA 的不同，可组成众多血清亚型的流感病毒。禽流感的多样性表现在病毒自身的变异性，而且不同的病毒毒株感染所出现的临床症状、病理变化、发病率和死亡率均明显不同。目前一般将禽流感病毒分为高致病性毒株、低致病性毒株和不致病性毒株。感染高致病性禽流感，呈急性发病死亡，严重者往往导致禽群全群覆没；低致病性的临床症状较为温和，死亡率仅为10%～20%，但生长速度或产蛋率明显下降；而非致病性往往只携带病毒而不出现明显的临床症状，仅从血清中检出禽流感病毒抗体。禽流感的多次暴发，都是由高致病性的禽流感病毒 H_5 和 H_7 引起的，发病急，传染快，死亡率可达100%。

一般来说，禽流感病毒对热的抵抗力较低，60℃经10分钟或70℃经4分钟即可灭活，在阳光直射下，40～48小时灭活，对热、酸和有机溶剂的抵抗力弱，常用消毒剂如福尔马林、稀酸、漂白粉、碘剂、脂溶剂等能迅

速破坏其致病力，但低温冻干或甘油保存可使病毒存活
1年以上。

【流行病学】禽流感病毒可以从病禽呼吸道、消化道
和眼结膜排出病毒，其感染方式包括与易感禽的直接接
触及易感禽与受到污染的各种物品的间接接触。在家禽
中以鸡和火鸡的易感性最高，其次是珍珠鸡、野鸟和孔
雀。鸭、鹅及其他水禽类的易感性较差，多为隐性感染
或带毒。鸽子可以携带病毒，但很少自然发病。由于禽
的分泌物和排泄物、组织器官、禽蛋中均可带有病毒，
因此带毒的候鸟作为载体将其做世界性传播。

禽流感主要经呼吸道传播，其次通过密切接触感染
的禽类及其分泌物、排泄物、受病毒污染的水以及直接
接触病毒株也可以进行传播。由于禽的分泌物和排泄物、
组织器官、禽蛋中均带有病毒，粪便中含病毒量最大，
因此悬浮于空气中的病毒成为了传播的主要途径。对鸭
来讲，各品种的鸭均有易感性，但纯种番鸭较其他品种
的鸭更易感。各种日龄的鸭对鸭流感均易感，但临床上
以1月龄以上的鸭发病较为多见。雏鸭，尤其是雏番鸭
的发病率可高达100%，病死率达80%以上。成年鸭的
发病率和病死率随日龄的增大而下降，一般发病率为
15%～70%、病死率为5%～30%。种母鸭、蛋用鸭发
生该病时，发病率高，但病死率较低（一般为3%～
18%）或无死亡。该病一年四季均有发生，但以春冬两
季为主要流行季节。疫病并发或继发情况：患该病的鸭
群有的并发或继发鸭传染性浆膜炎、鸭大肠杆菌病、鸭
沙门菌病、鸭霍乱或球虫病等。凡有并发或继发其他疾

病感染的鸭群其病死率明显高于该病的单一感染。

【临床症状与病理变化】 本病的潜伏期从数小时至2～3天，由于鸭的品种、年龄、有无并发病、病毒株和外界环境条件的不同，表现的症状和病理变化有很大的差异。

1. 减蛋型

无论是种番鸭、蛋鸭还是种肉鸭感染病毒后，鸭群最初部分鸭有轻度咳嗽或轻度喘气症状，但鸭群的食欲、饮水、大便及精神未见有明显的变化，也无死亡现象。数天内鸭群的产蛋量迅速下降，有的鸭群的产蛋率由原来95％高峰期可降至10％以下或停蛋；开产期鸭群患病后很难有产蛋高峰期。在减蛋期内常见有仅为正常蛋重量的1/4～1/2的小型蛋、畸形蛋。患病鸭群经10～15天后产蛋量开始逐渐恢复，但常出现小型蛋和畸形蛋。

患病鸭的主要病变在卵巢，较大的卵泡膜充血、出血，有的卵泡萎缩。输卵管蛋白分泌部有凝固的蛋清，部分病例大卵泡破裂于腹腔，但没有异味。

2. 败血型

（1）番鸭　无论是雏番鸭还是青成年番鸭均有很高的发病率和死亡率，其中雏番鸭的发病率可高达100％，死亡率也可高达90％以上；其他日龄番鸭的发病率达90％以上，死亡率达80％以上。患病鸭群有咳嗽等呼吸道症状。食欲速减或废绝，仅饮水，拉白色或带淡黄色或淡绿色水样稀粪。精神沉郁，两腿无力，不能站立，伏卧地上，缩颈。有的病例有头颈向后仰，或向下勾，或不断左右摇摆，尾部向上翘等神经症状；患鸭迅速脱水、消瘦，病程急而短。鸭群感染发病 2～3 天内引起大批死亡。种鸭群产蛋期内在感染后 3～5 天内迅速大幅度减蛋或绝蛋。

患鸭全身皮肤充血、出血，尤其是喙、头部皮肤和蹼更明显，呈紫红色。皮下特别是腹部皮下充血、出血和脂肪有散在性出血点。肝脏肿大，质地较脆，有条状或斑状出血。脾脏肿大、出血，有灰白色针头大的坏死灶。心脏冠状脂肪有出血点，心肌有灰白色条状或块状坏死灶，心内膜有条状出血。胰腺充血，有出血斑。肾脏肿大，呈花斑状出血。腺胃与食道、腺胃与肌胃交界处的黏膜有出血带或出血斑。十二指肠黏膜充血、出血；空肠、回肠黏膜有间断性 2～5 厘米的环状带，呈出血性或紫红色溃疡带，这种特殊的病变从浆膜即清楚可见。直肠和泄殖腔黏膜常见有弥漫性针头大的出血点。喉头和气管环黏膜出血。胸腺多数萎缩、出血。胸膜严重充血，胸膜及胸壁、腹腔有大小不一、形态不整的淡黄色纤维素附着。胆囊肿大、充满胆汁。脑膜充血、出血，脑组织充血。有的患病雏鸭法氏囊黏膜出血。患病产蛋鸭除了上述病变外，主要病变在卵巢，较大的卵泡膜严重充血和有较大的出血斑，有的卵泡萎缩。病程较长者整个卵巢的各卵泡膜严重出血，呈紫葡萄串样。输卵管蛋白分泌部有凝固性的蛋清。有的病例大卵泡破裂于腹腔中，使腹腔充满卵黄液，但没有异常臭味。

（2）肉用鸭 无论是樱桃谷肉鸭、半番肉鸭，还是家养野鸭和雏蛋鸭均有较高的发病率和一定的死亡率。发病率和死亡率随着流行期的推移显得越来越高。一般发病率可达 80％以上，死亡率为 40％～70％。患病鸭群有部分发生咳嗽，食欲减少，拉白色或淡黄色稀粪，精神委顿，两腿无力，有些病例流眼泪。

患鸭的大体病理变化比患病番鸭略轻。肝脏肿大，呈淡土黄色，有条纹状或斑状出血。脾脏肿大，充血、出血。肾脏肿大，充血、出血。心肌有灰白色条状坏死灶，心内膜有条状出血。局部肠道和直肠黏膜有弥漫性出血。脑膜及组织充血。

（3）肉种鸭　肉种鸭感染后，有 40％～50％的发病率和 30％～40％的死亡率。发病后 3～5 天内整个鸭群出现大幅度减蛋和各种畸形蛋，以至于出现绝蛋。鸭群食欲减少，饲料消耗量大减。其症状和病理变化相似于番鸭，但病变较轻，尤其是肠道仅有轻微病变，而生殖器官的病变明显，与产蛋母番鸭相同。公鸭睾丸常见有一半出血。鸭群康复后一般要 30 天左右才能恢复较高的产蛋量。

3. 脑炎型

各种日龄的鸭，尤其是 10～70 日龄的番鸭、半番鸭、蛋鸭和肉鸭均有较高的发病率和死亡率，但与感染日龄和品种有一定的差异性：发病率为 60％～95％，死亡率为 40％～80％。患病鸭群有不同程度的咳嗽等呼吸症状，食欲减少，精神委顿，拉白色稀粪；具有特征性的症状是，绝大多数患鸭有间隙性不断转圈运动，尤其是在应激下转圈的次数大幅度增加，转圈后倒地不断滚动，腹部朝天两腿划动等神经症状。有的病例头颈部不断做点头动作。有的病例嘴不断抖动。有的病例有歪头、勾头等症状。

患病鸭大体肉眼可见的病变特征为脑和心脏。脑膜充血，脑组织充血，尤其是在不同部位的大脑组织有大小不一、小如芝麻绿豆大、大如小蚕豆的灰白色坏死灶。心肌颜色变淡，像开水烫过样，有块状或条状的灰白色坏死灶，心内膜有出血条斑。肺充血、出血。内脏器官如肝、肾、脾、胰以及喉、气管、消化道和皮肤等组织器官，病变不典型或不明显。

【实验室诊断】病毒的分离鉴定（应按国家相关规定在生物安全三级实验室内进行）、琼脂扩散试验、血凝及血凝抑制试验、酶联免疫吸附试验和聚合酶链式反应等。

【鉴别诊断】

1. 鸭流感与雏番鸭细小病毒病的鉴别

［相似点］鸭流感与雏番鸭细小病毒病均有呼吸道症状以及胰腺表面有大量的白色坏死点，肠道、心冠脂肪、心肌出血的病理变化。

［不同点］雏番鸭细小病毒病主要侵害出壳后数日龄至3周龄左右的雏番鸭，成年番鸭多不发病，而鸭流感可使各日龄的番鸭发病，番鸭比其他品种的鸭具有更高的死亡率，内脏器官严重出血；雏番鸭细小病毒无血凝特性，而鸭流感病毒具有血凝特性。

2. 鸭流感与鸭巴氏杆菌病的鉴别

［相似点］鸭流感与鸭巴氏杆菌病均有精神沉郁、食欲减退、腹泻等临床表现以及心冠脂肪、心肌出血等病理变化。

［不同点］鸭巴氏杆菌病伴有肝脏的灰白色针尖大小

的坏死灶，而鸭流感则还伴有胰腺出血、表面有大量针尖大小的白色坏死点或透明样液化灶，心肌表面有白色条纹样坏死等；鸭巴氏杆菌病多发生于青年鸭和成年鸭，而鸭流感则可发生于各种日龄的鸭；鸭流感发病时一般会出现各种神经症状，如扭颈呈 S 状、头顶触地、仰翻、侧卧、横冲直撞、共济失调等，而鸭巴氏杆菌病病鸭则不表现神经症状；病死鸭肝脏接种马丁琼脂，鸭巴氏杆菌会长成露珠样的小菌落，禽流感病毒不会生长。

3. 鸭流感与鸭伪结核病的鉴别

［相似点］鸭伪结核病病理变化中的心冠脂肪出血、心肌出血与鸭流感有相似之处。

［不同点］鸭伪结核病伴有肝、脾和肺的灰白色或灰黄色结节，而鸭流感则还伴有胰腺出血、表面有大量针尖大小的白色坏死点或透明样液化灶，心肌表面有白色条纹样坏死等；鸭伪结核病多发生于幼龄鸭，而鸭流感则可发生于各种日龄的鸭；鸭流感发病时一般会出现各种神经症状，如扭颈呈 S 状、头顶触地、仰翻、侧卧、横冲直撞、共济失调等，而鸭伪结核病病鸭则不表现神经症状。

4. 鸭流感与雏鸭病毒性肝炎的鉴别

［相似点］鸭流感与雏鸭病毒性肝炎均有呼吸道症状、腹泻等临床表现以及肝脏出血的病理变化。

［不同点］鸭病毒性肝炎是雏鸭的一种传播迅速和高度致死性的病毒性传染病，病理变化主要是肝脏出血，但鸭流感还伴有胰腺出血，表面有大量的针尖大小的白色坏死点或透明样液化灶，心肌表面有白色条纹样坏死

等（雏鸭病毒性肝炎没有这种变化）；雏鸭病毒性肝炎对1～2周龄的易感雏鸭有较高的发病率和致死率，超过3周龄的雏鸭不发病，而鸭流感可发生于各种日龄的鸭；鸭病毒性肝炎表现的神经症状以头颈背向呈角弓反张状为主，且多在临死前发生，而鸭流感发病时一般会出现各种神经症状，如扭颈呈S状、头顶触地、仰翻、侧卧、横冲直撞和共济失调等；将病料接种易感鸭胚，如死亡胚尿囊液具有血凝活性，并能被禽流感抗血清所抑制，可认为是鸭流感病毒所致，如死亡胚尿囊液无血凝活性，可认为是鸭病毒性肝炎。

5. 鸭流感与鸭出血症的鉴别

［**相似点**］鸭流感与鸭出血症均有肝脏出血的病理变化。

［**不同点**］鸭出血症是由新型疱疹病毒（鸭疱疹病毒Ⅱ型）引起的可侵害各品种、各日龄的鸭的传染病。患病鸭双翅羽毛管、上喙端及爪尖足蹼常出血呈紫黑色（俗称为鸭"黑羽病"、鸭"乌管病"和鸭"紫喙黑足病"）。肝脏稍肿大，呈树枝样出血或淤血，并偶见个别白色坏死点；胰腺常出血，可见出血点或出血斑，或整个胰腺均出血呈红色。而鸭流感除肝出血外还伴有胰腺表面有大量的针尖大小的白色坏点或透明样液化灶，心肌表面有白色条纹样坏死等。鸭出血症不表现神经症状，而鸭流感发病时一般会出现各种神经症状如扭颈呈S状、头顶触地、仰翻、侧卧、横冲直撞和共济失调等。将病料接种易感鸭胚，如死亡胚尿囊液对鸡血球红细胞具有血凝活性，并能被禽流感抗血清所抑制，可认为是鸭流

感病毒所致，如死亡胚尿囊液对鸡血球红细胞无血凝活性，可认为是鸭出血症。

6. 鸭流感与鸭疫里氏杆菌病的鉴别

［**相似点**］鸭流感与鸭疫里氏杆菌病疾病后期病鸭均表现神经症状如头颈震颤、转圈、不停地点头或摇头，甚至角弓反张和抽搐。

［**不同点**］鸭疫里氏杆菌病是由鸭疫里氏杆菌引起的，病变表现为心包炎、肝周炎和气囊炎，与鸭流感完全不同；鸭疫里氏杆菌病多发生于 1～8 周龄各品种的鸭，而鸭流感则可发生于各种日龄的鸭；用肝脏接种巧克力琼脂，鸭疫里氏杆菌能生长而鸭流感病鸭无细菌生长。

7. 鸭流感与鸭副黏病毒病的鉴别诊断

［**相似点**］鸭流感与鸭副黏病毒病病鸭均表现扭头、转圈或歪脖等神经症状及腹泻、呼吸困难等临床表现。

［**不同点**］鸭副黏病毒病是由鸭Ⅰ型副黏病毒引起的导致鸭发生消化道和呼吸道症状的传染病。鸭副黏病毒病胰腺的变化轻微，常见腺胃黏膜脱落和腺胃乳头轻微出血，心肌偶有出血，而鸭流感还伴有胰腺出血、表面有大量的针尖大小的白色坏死点或坏死斑或透明样或液化样坏死点或坏死灶，心肌表面有白色条纹样坏死等；鸭副黏病毒病多发于 8～30 日龄各品种的鸭、中大鸭的病情相对较轻，而鸭流感则发生于各种日龄的鸭。将病料接种易感鸭胚，死亡胚尿囊液具有血凝活性，如能被禽Ⅰ型副黏病毒抗血清所抑制，可认为是鸭副黏病毒所致；如能被禽流感抗血清所抑制，可认为是鸭流感病毒所致。

【防制】

1. 预防措施

有效的预防是免疫接种。灭活疫苗有免疫保护性，是预防本病的主要措施和关键手段。应选用本地流行的禽流感病毒株或占优势的相同亚型灭活苗免疫。灭活疫苗免疫应根据鸭的品种及其用途和本病的流行情况决定其免疫程序。

（1）肉鸭　饲养期为40天左右的肉鸭，在有本病流行的区域，应在5～7日龄进行免疫，每羽皮下或肌内注射0.5毫升灭活苗。在无本病流行的区域，应在10～15日龄进行免疫，每羽皮下或肌内注射0.5毫升油乳剂灭活苗。

（2）种鸭　肉种鸭、种番鸭的免疫，首免、二免按上述方法进行免疫。三免在产蛋前15天左右进行免疫，肉种鸭、种番鸭，每羽肌内注射1.0～1.5毫升，蛋鸭每羽1.0毫升油乳剂灭活苗。在产蛋中期（即三免后2～3个月）进行四免，剂量同三免。

2. 发病后的措施

一旦发现疫情，应迅速上报及做出正确的诊断，立即采取控制及扑灭措施，淘汰病鸭；进行烧毁或深埋，彻底消毒场地和用具。

目前对该病尚无特效的治疗措施，但在发病初期，可以将抗生素和抗病毒药物并用，同时加强营养，增强机体的抵抗力。抗病毒药物可选用复方金刚烷胺（或复方玛啉胍）；也可用金刚烷胺原粉（或病毒灵），配以扑热息痛、扑尔敏和维生素C，供饮水用。抗菌药物可选用硫酸新霉素、丁胺卡那、阿莫西林等饮水或拌料。另外，可在饮水或饲料中添加电解质（如氯化钠、氯化钾、碳酸氢钠）和电解多维。

治疗一定要及时。初期用药效果好，且要连续用药5～7天。如用药迟，尤其是在大群已出现明显症状时再用药效果差，甚至无效。

十、鸭减蛋综合征

鸭减蛋综合征病是由禽Ⅰ型副黏病毒、某些腺病毒及其他一些病原因素和营养缺乏因素（如蛋氨酸、精氨酸、维生素 E、维生素 A 缺乏等）综合作用而引起的，以鸭群产蛋率急剧下降为特征的急性、低致死率的传染病。

【病原】病原为禽腺病毒，属腺病毒科禽类腺病毒属。该病毒能凝集禽的红细胞，且可被特异性血清中和。其结构为一种无囊膜的双股 DNA 病毒，其粒子大小为76～80 纳米，病毒颗粒呈正二十面体。EDS-76 病毒有抗醚类的能力，在 50℃ 条件下，对乙醚、氯仿不敏感。对不同范围的 pH 值性质稳定，即抗 pH 值范围较广，如在 pH 为 3～10 的环境中能存活。加热到 56℃可存活 3 小时，60℃加热 30 分钟丧失致病力，70℃加热 20 分钟则完全灭活。在室温条件下至少存活 6 个月以上，0.3％甲醛24 小时、0.1％甲醛 48 小时可使病毒完全灭活。

【流行病学】该病病毒的自然宿主为鸭、鹅和野生水禽。各品种的产蛋鸭均可发病，本病的发病日龄常集中在产蛋高峰期，病鸭的蛋品质和产蛋率呈不同程度的下降，病程长，常延续 1 个月以上，病鸭很难恢复原有的产蛋水平。常见的传播形式有三种，一是通过种蛋，以垂直的方式传播；二是鸭与鸭之间的水平传播；三是野生水禽通过粪便污染饮水而将病毒传播给鸭群。

【临床症状】本病的临床症状一般较为缓和。发病鸭群外观正常，饮水和采食无明显变化。本病几乎没有死亡。该病的特征性症状是在产蛋高峰时突然发病，产蛋量急剧下降，由原先的 90％下降到 30％以下。患病期间除表现产蛋下降外，还出现大量的薄壳蛋及变形蛋或软壳蛋。产蛋恢复很慢，持续 1 个月以上才能缓慢恢复，但不能达到原有的水平。

【病理变化】个别病例见卵黄性腹膜炎，其余无明显可见的变化。后期剖检其他脏器无明显变化，主要表现为卵巢萎缩、变小，子宫和输卵管黏膜出血和卡他性炎症，输卵管黏膜肥大增厚；腔内见白色渗出物或干酪样物；还有的输卵管萎缩、腺体水肿，染色可见单核细胞浸润，黏膜上皮细胞变性坏死，病变细胞可见核内包涵体。

【实验室诊断】病毒的分离鉴定、血凝抑制试验等。

【鉴别诊断】引起产蛋鸭产蛋下降的还有禽流感和鸭瘟等，但减蛋综合征表现缓和的临床症状及几乎没有死亡的特点很容易与禽流感和鸭瘟相区别。

【防制】

1. 预防措施

（1）免疫接种　用鸭产蛋下降综合征油乳剂灭活疫苗免疫接种。15～20 日龄首免，皮下注射 0.5 毫升/只，产蛋前 1 个月再肌注 1～1.5 毫升/只，以后每年春末、冬初（或中秋）各接种 1 次，1.0～1.5 毫升/只。在此免疫接种过程中可以同时考虑配合免疫接种大肠杆菌灭活苗和鸭瘟疫苗，并做好常规的饲养管理与卫生消毒工作。

（2）加强管理　由于此病是垂直传播的，因此要严格注意从非疫区引种，杜绝 EDS-76 病毒的传入，以减少发病机会。坚决不能使用来自感染鸭群的种蛋；病毒能在粪便中存活，具有抵抗力，因此要有合理有效的卫生管理措施。严格控制外人及野鸟进入鸭舍，以防疾病传播；对肉用鸭采取"全进全出"的饲养方式，对空鸭舍全面清洁及消毒后，空置一段时间方可进鸭。对种鸭采取鸭群净化措施，即将产蛋鸭所产蛋孵化成雏后，分成若干小组，隔开饲养，每隔 6 周测定一下抗体，一般测定 10％～25％的鸭，淘汰阳性鸭，直到 100％阴性小鸭继续养殖。

2. 发病后的措施

（1）加强隔离和消毒　封闭鸭舍，避免闲杂人员进入。进入鸭舍的设备用具要消毒；鸭舍周围环境消毒，可采用 2％火碱、3％次氯酸钠、1％农福、复合酚消毒剂等喷洒；鸭舍内带鸭消毒用过氧乙酸、复合酚消毒剂、氯制剂等效果良好。

（2）疫苗紧急接种　刚发生该病的鸭群，立即用鸭产蛋下降综合征油乳剂灭活苗进行紧急接种。

（3）药物治疗

处方：复方金刚乙胺添加于饮水中，50 克/250 千克，连用3～5 天。复方阿莫西林粉添加于饮水中，50 克/250 千克，连用3～5 天。在饲料中添加增蛋宝或多蛋多，适当添加多维素，促

进产蛋恢复。

注意： 其他防制方案可参考鸭流感、鸭瘟、雏鸭病毒性肝炎等的治疗方案。

十一、鸭痘

鸭痘是由痘病毒引起的一种接触性传染病，以表面和羽囊显著的暂时炎症过程和增生肥大，在细胞浆内形成包涵体，最后变性上皮形成痂皮和脱落为特征。在一些病例的咽喉、食道出现类白喉样假膜或增生性病变。

【病原】 病原为禽痘病毒属中的鸭痘病毒。目前，对该病毒的生物学特征了解甚少。但在临诊症状和病理变化上与其他禽类的痘病相似。

【流行病学】 各种日龄的鸭均可感染，雏鸭比成鸭易感。一年四季均可发生，秋冬两季最易感。

【临床症状】 该病可分为皮肤型、口腔型和眼型三种不同的临诊类型。其中以皮肤型较多见。

1. 皮肤型

皮肤型约占鸭痘患病型的90％，在鸭的嘴角与鸭喙连接的皮肤上、眼睑处皮肤上出现大小不等的结节样疹，并经常汇集成较大的疣状结节。

2. 口腔型

口腔型最初在口腔黏膜上出现灰白色痘疹，在口角处有结节样疹，痘疹逐渐变黄，后期形成溃疡。

3. 眼型

眼型病初有水样分泌物，后来逐渐形成脓性结膜炎，常将上、下眼睑黏合在一起，严重时可导致一侧或两侧眼失明。

【病理变化】一般鸭痘的病变除化脓期外，与鸡痘的各阶段相似，痘样结节状病变干涸后成痂，痂脱落后留下一个暂时性的瘢痕。

【实验室诊断】可采取皮肤痘痂及病变组织，送兽医检验部门做病毒分离；组织学变化，皮肤结节在上皮层发生坏死，破坏了正常的细胞结构，表皮下层细胞增生，个别细胞明显膨大似气球，在这样的多数细胞中有包涵体。

【鉴别诊断】

1. 鸭痘（黏膜型）与毛滴虫病的鉴别

［相似点］鸭痘与毛滴虫病均有传染性，萎靡，体重减轻，食欲消失，口腔有溃疡灶，可连成大片并覆有干酪样假膜，呼吸、吞咽困难，眼也发炎。

［不同点］毛滴虫病的病原为毛滴虫。口流出难闻的液体。剖检可见口、咽、食道、嗉囊、腺胃有隆起的白色结节或溃疡灶，并覆有干酪样气味难闻的伪膜。口腔嗉囊涂片镜检，可见毛滴虫。

2. 鸭痘（黏膜型）与维生素 A 缺乏症的鉴别

［相似点］鸭痘（黏膜型）与维生素 A 缺乏症均有委顿、消瘦，口腔有灰白色结节，揭去伪膜露出溃疡。

［不同点］维生素 A 缺乏症的病因是维生素 A 缺乏，口腔假膜如豆腐渣样，眼内有干酪样物，角膜浑浊软化或穿孔。运动失调，对外界刺激即引起神经症状。剖检可见肾灰白色，肾小管、输尿管有白色尿酸盐，心包、肝、脾表面有尿酸盐沉积。

3. 鸭痘（黏膜型）与烟酸缺乏症的鉴别

[**相似点**] 鸭痘（黏膜型）与烟酸缺乏症的皮肤、腿均有小结节。

[**不同点**] 烟酸缺乏症的病因为烟酸缺乏。发育不全，羽毛稀少，皮肤发炎，有化脓性结节，腿部关节肿大，骨粗短，腿部弯曲，口发炎，下痢。

【**防制**】

本病尚无有效的治疗方法，也无疫苗进行疫苗接种。一旦发生后，为了预防细菌性继发感染，可用碘制剂涂擦局部。通常采取一般的综合性防制措施。

十二、鸭传染性浆膜炎

鸭传染性浆膜炎（鸭疫里氏杆菌病或鸭疫巴氏杆菌病），各品种、性别、日龄的鸭均可感染，主要侵害 2~3 周龄的雏鸭，发病率常高达 90％以上，死亡率 5％~75％不等。本病往往与鸭大肠杆菌病混合或并发感染。特征是发生纤维素性心包炎、肝周炎、气囊炎、腹膜炎等。

【**病原**】本病的病原体为鸭疫巴氏杆菌，革兰染色阴性，菌体为小杆菌，有的呈椭圆形，有荚膜，瑞氏染色见有少数菌体两端浓染。该菌在巧克力琼脂平板上菌落不溶血，呈小露珠状。在普通琼脂和麦康凯培养基上不能生长。绝大多数鸭疫巴氏杆菌在 37℃或室温下于固体培养基上存活不超过 3~4 天，4℃条件下，肉汤培养物可保存 2~3 周。55℃下培养 12~16 小时即失去活力。在水中和垫料中可分别存活 13 天和 27 天。

【**流行病学**】本病多发在秋冬之交和春夏之交。在一

65

般情况下，主要发生于 1～8 周龄的雏鸭。8 周龄以上的鸭很少发病。成年鸭罕见发病，但可带菌，成为传染源。本病主要经呼吸道或皮肤伤口感染，也可通过种蛋垂直传播。被污染的饲料、饮水、空气等都是重要的传染途径，育雏舍密度过大、换气不畅、潮湿、营养不良都是本病发生的诱因。

【临床症状】本病的潜伏期一般为 1～3 天，有时可长达 7 天，幼鸭发病较急，常在应激条件下突然发病，且未见明显的症状而很快死亡。病程稍长的病鸭嗜睡、精神沉郁、离群独处、食欲减退或废绝，摇头缩颈，体温升高，呼吸急促，眼、鼻流出分泌物，眼被污染，两腿无力，运动失调，有的出现神经症状，阵发痉挛，排黄绿色恶臭稀粪。少数病鸭表现跛行和伏地不起等关节炎症状。

【病理变化】急性病例的病变为全身脱水，肝脾肿大。最明显的肉眼病变是浆膜面上有纤维素性炎性渗出。主要表现为心包炎、心包积液，心包膜有纤维素性渗出物，肝肿明显大于正常，呈土黄色或灰褐色，质地较脆，表面覆盖一层灰白色或灰黄色纤维素膜，容易剥脱，出现纤维素性肝周炎、纤维素性气囊炎，腹部气囊后部出现有黄白色的干酪样渗出物，有的出现输卵管炎和关节炎。

【实验室诊断】细菌的分离鉴定、PCR 鉴定及免疫荧光抗体诊断等。

【鉴别诊断】

1. 鸭传染性浆膜炎与鸭大肠杆菌病的鉴别

[相似点] 鸭传染性浆膜炎与鸭大肠杆菌病均有精神

不振、食欲减退或废绝、腹泻、呼吸困难等临床表现以及心包炎、肝周炎和气囊炎等病理变化。

[不同点] 鸭大肠杆菌病是指由致病性大肠杆菌引起的鸭全身或局部感染的一种细菌性传染病，表现多种病型。虽然大肠杆菌性败血症的病变表现为心包炎、肝周炎和气囊炎，与鸭疫里氏杆菌病的病变非常相似，但大肠杆菌病病鸭心脏和肝脏表面附着的渗出物较厚，一般为干酪样，而鸭疫里氏杆菌病病鸭心脏和肝脏表面附着的渗出物较薄，一般较湿润；大肠杆菌不表现神经症状，而鸭疫里氏杆菌病病鸭表现头颈震颤、歪斜等神经症状；用肝脏接种麦康凯平板，鸭疫里氏杆菌不能生长而大肠杆菌能长出亮红色菌落。

2. 鸭传染性浆膜炎与鸭衣原体病的鉴别

[相似点] 鸭传染性浆膜炎与鸭衣原体病均有精神委顿、食欲废绝、腹泻等临床表现及心包炎、肝周炎和气囊炎等病理变化。

[不同点] 鸭衣原体病是由鹦鹉热亲衣原体引起的一种接触传染性疾病，病鸭粪便呈黄绿色水样，气味恶臭，而鸭疫里氏杆菌感染的病鸭常排白色黏稠样粪便；鸭衣原体病鸭不表现神经症状，而鸭疫里氏杆菌病病鸭表现头颈震颤、歪斜等神经症状；用肝脏接种巧克力琼脂，鸭衣原体不能生长而鸭疫里氏杆菌能生长。

3. 鸭传染性浆膜炎与雏番鸭"花肝病"的鉴别

[相似点] 鸭传染性浆膜炎与雏番鸭"花肝病"均表现精神委顿、食欲减退、腹泻等临床表现以及心包炎的病理变化。

[**不同点**]雏番鸭"花肝病"（鸭呼肠孤病毒病）是由番鸭呼肠孤病毒引起的、对雏番鸭有着较高的发病率和病死率的一种传染病。临床上以腹泻、肝脏表面形成大量的灰白色小点或花斑点等为特征。病程较长的"花肝病"病鸭表现的心包炎与鸭疫里氏杆菌病有相似之处，但鸭疫里氏杆菌病病鸭还表现肝周炎和气囊炎，雏番鸭"花肝病"则没有肝周炎和气囊炎的变化；雏番鸭"花肝病"发生于7～35日龄的雏番鸭、雏半番鸭和雏鸭，鸭疫里氏杆菌病则多发生于1～8周龄各品种的鸭。

4. 鸭传染性浆膜炎与鸭沙门氏菌病的鉴别

　　[**相似点**]鸭传染性浆膜炎与鸭沙门氏菌病病程较长后均可引起鸭喘气、消瘦和神经症状以及心包炎的病理变化。

　　[**不同点**]鸭沙门氏菌病是由沙门氏菌属中的一些在血清学上有关系的种引起的鸭的急性或慢性传染病，病鸭常排绿色或浅绿色水样粪便或黑褐色糊状粪便，而鸭疫里氏杆菌感染的病鸭常排白色黏稠样粪便；剖检病鸭时沙门氏菌感染的病鸭偶见心包炎，以肝脏呈古铜色、表面有灰白色小坏死点及盲肠肿胀、内有干酪样物质形成的栓子为特征，而鸭疫里氏杆菌感染的病鸭不仅可见心包炎，而且可见肝周炎和气囊炎；用肝脏接种麦康凯平板，鸭疫里氏杆菌不能生长而鸭沙门氏菌能长出白色菌落。

5. 鸭传染性浆膜炎与鸭流感的鉴别

　　[**相似点**]鸭传染性浆膜炎与鸭流感均有疾病后期病鸭表现神经症状如头颈震颤、转圈、不停地点头或摇头，甚至角弓反张和抽搐等表现。

[**不同点**] 鸭流感是由 A 型流感病毒引起的家禽的一种急性传染病，各种年龄的鸭均可发生，鸭疫里氏杆菌病多发生于 1～8 周龄各品种的鸭；鸭流感病死鸭以全身出血为特征，无心包炎、肝周炎和气囊炎，而鸭疫里氏杆菌病的病变表现为心包炎、肝周炎和气囊炎；用肝脏接种巧克力琼脂，鸭疫里氏杆菌能生长而鸭流感病鸭无细菌生长。

6. 鸭传染性浆膜炎与鸭副黏病毒病的鉴别

[**相似点**] 鸭传染性浆膜炎与鸭副黏病毒病均有头颈震颤、转圈、不停地点头或摇头，甚至角弓反张和抽搐等神经症状。

[**不同点**] 鸭副黏病毒病（鸭新城疫）是由禽 I 型副黏病毒引起的导致禽类发生消化道和呼吸道症状的传染病。常见腺胃黏膜脱落和腺胃乳头轻微出血，心肌偶有出血。而鸭传染性浆膜炎的临床表现特点为缩颈、眼与鼻孔有分泌物、绿色下痢、共济失调和抽搐。病变特征为纤维素性心包炎、肝周炎、气囊炎、干酪性输卵管炎和脑膜炎。用肝脏接种巧克力琼脂，鸭疫里氏杆菌能生长而鸭副黏病毒病病鸭无细菌生长；将病料接种易感鸭胚，死亡胚尿囊液具有血凝活性并能被禽 I 型副黏病毒抗血清所抑制，可认为是鸭副黏病毒所致，鸭疫里氏杆菌病病鸭的病料不会引起鸭胚死亡。

7. 鸭传染性浆膜炎与雏鸭病毒性肝炎的鉴别

[**相似点**] 鸭传染性浆膜炎与雏鸭病毒性肝炎后期病鸭均表现神经症状，特别是角弓反张和抽搐，且都是主要危害雏鸭的高致病性、接触性传染病。

[**不同点**] 鸭病毒性肝炎是由鸭肝炎病毒引起的雏鸭的一种传播迅速和高度致死性的传染病。病程极短，病鸭的肝脏明显肿大，质地脆弱，色泽暗淡或稍黄，肝脏表面有明显的出血点或出血斑，有时可见有条状或刷状出血带。鸭疫里氏杆菌病的临床表现除神经症状外，有缩颈、眼与鼻孔有分泌物、绿色下痢、共济失调和抽搐。剖检为心包炎、肝周炎和气囊炎。

8. 鸭传染性浆膜炎与鸭传染性窦炎的鉴别

　　[**相似点**] 鸭传染性浆膜炎与鸭传染性窦炎均有传染性，2周龄左右最易发病，眼鼻流分泌物，食欲大减，耐过后生长缓慢。

　　[**不同点**] 鸭传染性窦炎的病原为鸭支原体。主要表现为眶下窦一侧或两侧肿胀，呈圆形或椭圆形，初柔软后变硬，剖检可见除窦黏膜充血、水肿并充满白色干酪样物，内脏无变化。鸭疫里氏杆菌病临床有神经症状，共济失调和抽搐。剖检为心包炎、肝周炎和气囊炎。

9. 鸭传染性浆膜炎与鸭巴氏杆菌病的鉴别

　　[**相似点**] 鸭传染性浆膜炎与鸭巴氏杆菌病均有传染性。精神委顿，闭目打盹，两肢无力，不能走动，鼻有分泌物，排绿色稀粪，有时有关节炎。剖检可见心包液体增多，镜检可见菌体两极着色。

　　[**不同点**] 鸭巴氏杆菌病的病原为巴氏杆菌。除鸭易感外，其他家禽和实验动物也易感。各种年龄均发生，体温43～44℃，稀粪呈灰白色或绿色、有腥臭。剖检可见心内外膜、肝、肠均充血、出血。关节面粗糙、有黄色干酪样物，用病料制成1∶10悬液0.2毫升接种小鼠、

鸽、鸡 1～2 天死亡，取病料镜检可见两端着色的卵圆形杆菌。鸭疫里氏杆菌病临床有神经症状，共济失调和抽搐。剖检为心包炎、肝周炎和气囊炎。

10. 鸭传染性浆膜炎与鸭瘟的鉴别

[**相似点**] 鸭传染性浆膜炎与鸭瘟均有传染性，沉郁，减食，两腿发软，不愿走动，眼有浆性、脓性分泌物，鼻有浆性、黏性分泌物，拉稀。

[**不同点**] 鸭瘟的病原为鸭瘟病毒。能引起大批死亡，头部肿大，下颌水肿，倒提从口中流出污褐色液体，舌黏膜有出血点，稀粪初灰白色，后变灰绿色或绿色，也有的呈褐色，有特异臭味。两腿麻痹不下水，叫声嘶哑。剖检可见全身皮肤有出血斑点，皮下组织浆膜胶样浸润。各脏器有出血点、坏死点，反向间接血凝试验（RPHA）对鸭、鹅可检出 100%、80%。

11. 鸭传染性浆膜炎与雏鸭副伤寒的鉴别

[**相似点**] 鸭传染性浆膜炎与雏鸭副伤寒均有传染性，1～3 周龄发病多，嗜睡，垂头，眼鼻流分泌物。拉稀，倒地角弓反张或间歇痉挛。剖检可见气囊有纤维素膜，肝稍肿大。

[**不同点**] 雏鸭副伤寒的病原为副伤寒沙门菌。颤抖、气喘、眼睑水肿。剖检可见盲肠有干酪样栓子，肝古铜色有灰白坏点。用单克隆抗体和核酸探针为基础的检测沙门菌诊断盒容易做出诊断。

12. 鸭传染性浆膜炎与禽链球菌病的鉴别

[**相似点**] 鸭传染性浆膜炎与禽链球菌病均有传染性，软弱，步态不稳，共济失调，困倦，排绿色稀粪，

肛周粪污，翻倒仰卧不易翻转，成年禽有关节炎。剖检可见心包、腹腔有纤维素渗出物，肺淤血。

[**不同点**] 禽链球菌病的病原为禽链球菌，除鸭、鹅外，鸡、火鸡、鸽也易感。腹部膨大，交叉运步，有轻瘫。剖检可见肝暗紫、淤血且有出血点、坏死点，喉有干酪样分泌物和坏死灶，支气管黏膜充血、表面有黏液，心肌、肝、脾发炎变性或梗死，病料涂片镜检可见革兰氏阳性球菌。

13. 鸭传染性浆膜炎与鸭球虫病的鉴别

[**相似点**] 鸭传染性浆膜炎与鸭球虫病均有传染性，2～3周龄的鸭最易感，1周龄内很少发病，嗜睡，不愿走动，少食或不食，拉稀。

[**不同点**] 鸭球虫病的病原为球虫。喝水增多，稀粪桃红色或暗红色，腥臭。剖检可见十二指肠肿胀有出血点或出血斑，红白相间，有糠麸或干酪样黏液，肠内容物淡红色或暗红色、有黏液，但不形成肠芯。其他内脏无明显的变化，肠黏膜切成薄的涂片染色镜检，可见裂殖体、大小配子、合子和卵囊。

14. 鸭传染性浆膜炎与鸭葡萄球菌病的鉴别

[**相似点**] 鸭传染性浆膜炎（关节炎型）与鸭葡萄球菌病均以软脚为主要症状。

[**不同点**] 鸭葡萄球菌病的病原是葡萄球菌。病鸭的跗关节和趾关节肿胀发脓（切开常可见肿胀块或关节肿积液由纤维组织肉芽肿形成），出现跛行、吃料减少等症状。鸭传染性浆膜炎患鸭出现软脚，排白色稀便。部分病鸭出现神经症状，吃料基本正常。主要病变是出现明

显的心包炎、肝周炎，有的气囊会出现浑浊或附着干酪样渗出物，脑外膜出血。

【防制】

1. 预防措施

（1）加强饲养管理和隔离卫生 由于鸭疫里氏杆菌病的发生和流行与应激因素密切相关，因此在将雏鸭转舍、舍内迁至舍外以及下塘饲养时，应特别注意气候和温度的变化，减少运输和驱赶等应激因素对鸭群的影响；给鸭群供应优质、全面、充足的饲料，保持合理的环境温度、空气湿度和饲养密度，防止尖刺物刺伤脚蹼。加强鸭只的运动，并及时更换垫料，做好通风换气工作，提高鸭只的体质。为了防止疫病的产生和扩散，要对鸭舍、饲槽、水槽以及鸭只经常活动的场所进行定期消毒。尽量不从本病流行的鸭场引进种蛋和雏鸭，采用全进全出的饲养管理制度。必要时应当全场停养 2～3 周。

（2）合理用药 磺胺药物、氟苯尼考、庆大霉素、红霉素、四环素等药物对鸭疫巴氏杆菌均有效，但由于近年来抗菌药物的滥用，细菌耐药性日益增强，因此，在用药时最好先做药敏试验，有针对性地用药，并及时更换药物，提高疗效。在防制中，通常在饲料中添加磺胺二甲基嘧啶，连续喂 3 天效果较好。

（3）免疫接种 鸭疫里氏杆菌的血清型较多，不同血清型间的交叉保护几乎没有。在养鸭生产中应考虑使用自家灭活疫苗或多价灭活疫苗。

2. 发病后的措施

（1）加强隔离和消毒 隔离病鸭，将死鸭掩埋或焚烧。清理的粪便应堆肥发酵处理后运出。应对鸭舍、场地及各种用具进行彻底、严格的清洗和消毒。

（2）药物治疗　治疗鸭疫里氏杆菌敏感的药物不多，且其易产生耐药性，因此在临床治疗时，应根据所分离细菌的药敏试验结果选择药物，并要定期更换用药或几种药物交替使用。

处方1：氟苯尼考，0.2%拌料饲喂，连用5天；重症者，5%氟苯尼考注射液按每千克体重0.6毫升（即每千克体重30毫克）肌内注射，每天1次，连用2天。

处方2：青霉素和链霉素，雏鸭各5000～10000单位，中幼鸭各4万～8万单位肌内注射，每天2次，连用2～3天（或用阿莫西林）。

处方3：磺胺类药物，在雏鸭易感日龄时，饮水中添加0.2%～0.25%的磺胺二甲基嘧啶或饲料中添加磺胺喹噁啉0.1%～0.2%拌料饲喂，连喂3天，停药2天，再喂3天，可预防本病或降低病死率。或用24%复方敌菌净散，按0.1%的比例拌料，连用5天。或磺胺喹沙啉，按0.1%～0.2%的比例拌料口服3天，停药2天后再喂3天。

处方4：利高霉素，按药物有效成分0.0044%的比例拌料饲喂，连续3～5天。或庆大霉素，按每千克体重4000～8000单位肌内注射，每天1～2次，连用2～3天。或环丙沙星，按鸭每千克体重5～10毫克拌料饲喂，连用3天。

处方5：中西医结合治疗。①龙胆草140克、夏枯草140克、茯苓120克、泽泻120克、牛膝120克、桂枝120克、藿香120克、苍术100克、白术100克、防风100克、荆芥100克、陈皮80克、甘草80克。②盐酸环丙沙星水溶性粉（2%，50克/包）250克，维生素AD₃E粉（500克/包，本品含维生素A 250万国际单位、维生素D₃ 50万国际单位、维生素E 2克）500克。将

以上中药煎汁 2 次，每次药液与以上西药混合拌料，分早、晚供
1000～1200 只 15～20 日龄的雏鸭食用，每天 1 剂，连用 3 天。
对不食病鸭尚可采用维生素 C 注射液 10 毫升、盐酸普鲁卡因青
霉素 80 万国际单位混合液注射，每羽 1 次注射 1 毫升，每天 1
次，连续 2～3 天，同时灌服草药煎汁与盐酸环丙沙星混合液。

处方 6：发病鸭进行隔离，注射 4% 左旋氧氟沙星注射液
（该病对大观霉素、氟苯尼考、左旋氧氟沙星等药物比较敏感），
每千克体重 0.2 毫升。大群鸭全天分 2 次在水中加入喘痢健（大
观霉素），每瓶兑水 150 千克。晚上在水中加入电解多维以增强
机体的抵抗力，如果采食量下降，可在饲料中加入干酵母，根据
体重大小每只鸭 1～2 片。

十三、鸭大肠杆菌病

鸭大肠杆菌病是由埃希氏大肠杆菌的某些致病性血
清型菌株引起的多种疾病的总称，包括大肠杆菌性肉芽
肿、腹膜炎、输卵管炎、脐炎、滑膜炎、气囊炎、眼炎、
卵黄性腹膜炎等疾病，是鸭细菌病中危害最严重的疫病，
各种日龄的鸭均易感，防制难度极大。

【病原】大肠杆菌为革兰氏阴性、中等大小的杆菌、
不形成芽孢，有鞭毛，有的菌株可形成荚膜。在普通培
养基中生长良好，需氧或兼性厌氧，菌落不透明、光滑、
有光泽，有的菌落带有黏稠性。有的菌株在血液琼脂上
表现有溶血性。本菌对一般消毒剂敏感，对抗生素及磺
胺类药等极易产生耐药性。

【流行病学】各品种和年龄的鸭均可感染大肠杆菌，
但多为 2～6 周龄者，发病季节以秋末冬春多见。禽大肠
杆菌在鸭场普遍存在，特别是在通风不良、大量积粪禽

舍、垫料、空气尘埃、污染用具和道路、粪场及孵化厅等处环境中染菌最高。本病可通过口、呼吸道、眼结膜、污染的胚蛋等传播，多由饲养管理不善引发。此病的血清型众多，目前已知的约有 154 个血清型致病。

在各种禽类中，以鸡、鸭、鹅等较为易感。各种年龄均可感染，其发病率与死亡率因受发病日龄、病程长短、受侵害的组织器官及是否并发其他疾病等各种因素的影响而有差异。本病主要通过种蛋、空气中的尘埃、污染的饲料和饮水而传播。

一年四季均可发生，多雨、污秽、拥挤、闷热、潮湿季节多发。过冷过热或温差很大的气候，有毒有害气体（氨气或硫化氢等）长期存在，饲养管理失调，营养不良（特别是维生素的缺乏）以及病原微生物（如支原体及病毒）感染所造成的应激等均可促进本病的发生。

【临床症状】本病临诊上有多种病型，其中以雏鸭或鸭的败血症和产蛋母鸭的卵黄性腹膜炎（蛋子瘟）的危害最为严重，本病的临床表现主要为下痢，拉黄白色稀粪，粪便恶臭，带有白色黏液或混有血丝、血块和气泡，一般为青绿色或灰白色，肛门周围污秽。病雏精神沉郁，食欲减退或废绝，渴欲增加，呼吸困难，大都有明显的神经症状，如共济失调，头颈震颤、摇头和昏迷等。母鸭的卵黄性腹膜炎主要发生在开产前的母鸭或正在产蛋的母鸭，母鸭腹部膨大，拉白色带有蛋白碎片的粪便。公鸭阴茎肿大且部分外露。

【病理变化】雏鸭或小鸭的败血型大肠杆菌病常与鸭疫里氏杆菌病继发或混合感染。本病的解剖变化与鸭传染性浆膜炎极为相似，出现纤维素性心包炎、肝周炎、气囊炎、腹膜炎。只是鸭传染性浆膜炎病鸭肝脏上形成的纤维素性渗出物更干燥、较薄，更易剥离，而大肠杆菌形成的则相反，大肠杆菌病的肠道病变表现得更明显一些，并且产蛋鸭还表现坠卵性腹膜炎。剖检腹腔内充满蛋黄碎片或干酪样物。从患鸭的心血、肝、脾中容易分离到致病性大肠杆菌。

【实验室诊断】细菌的分离鉴定。

【鉴别诊断】

1. 大肠杆菌病与鸭沙门菌病的鉴别

［相似点］大肠杆菌病与鸭沙门菌病发生于初生雏鸭时均表现为卵黄吸收不全和脐炎等。

［不同点］鸭的沙门菌病（鸭副伤寒）是由沙门菌属的细菌引起的鸭的急性或慢性传染病，日龄较大的小鸭常见肝脏肿大，边缘钝圆，表面色泽不均匀，有时呈灰黄色，肝表面及实质中有针尖大的密集的灰白色坏死点。整个肠道黏膜充血、出血，表面可见针头大的灰白色坏死点，有的肠黏膜坏死脱落，表面形成一层糠麸样物，最特征的变化是盲肠肿胀，呈斑驳状，内容物有干酪样的团块。慢性病变可见心包炎和关节炎。而大肠杆菌卵黄囊感染表现腹部膨胀和血管出血，卵黄未被吸收，上被黏性分泌物附着，卵黄囊血管出血。存活时间较长（4天以上）的可出现心包炎。将卵黄囊接种于麦康凯平板，鸭沙门菌能长出白色菌落而鸭大肠杆菌则长出亮红色菌落。

2. 大肠杆菌病与鸭疫里氏杆菌病的鉴别

［相似点］鸭大肠杆菌病与鸭疫里氏杆菌病均有精神

不振、食欲减退或废绝、腹泻、呼吸困难等临床表现以及心包炎、肝周炎和气囊炎等病理变化。

[不同点] 鸭疫里氏杆菌病是由鸭疫里氏杆菌引起的各品种的鸭的一种败血性传染病。虽然鸭疫里氏杆菌病的病变表现为心包炎、肝周炎和气囊炎，与大肠杆菌性败血症的病变非常相似，但鸭疫里氏杆菌病病鸭心脏和肝脏表面附着的渗出物较薄，一般较湿润，而大肠杆菌病病鸭心脏和肝脏表面附着的渗出物较厚，一般为干酪样；鸭疫里氏杆菌病病鸭表现头颈震颤、歪斜等神经症状，大肠杆菌不表现神经症状；用肝脏接种麦康凯平板，大肠杆菌能长出亮红色菌落而鸭疫里氏杆菌不能生长。

3. 大肠杆菌病与鸭冠状病毒性肠炎的鉴别

[相似点] 大肠杆菌病与鸭冠状病毒性肠炎均有精神不振、食欲减退或废绝、腹泻（呈白色或黄绿色）等临床表现以及肠道出血等病理变化。

[不同点] 鸭冠状病毒性肠炎的病原是冠状病毒属鸭肠炎病毒。20日龄前后的鸭的发病率最高，病雏缩头拱背、畏寒，缘壳由黄变紫，缘壳上皮脱落破溃，进而有的表现神经症状，两脚后蹬、直伸、头向后弯曲，呈观星状，稍加驱逐或应激可促进死亡。咽喉黏膜呈卡他性炎症。肠系膜出血呈紫红色。整个肠管充血、水肿，内有血性黏液，以十二指肠最严重，部分病鸭肠管有溃疡灶。大肠杆菌病各个日龄段都易发生，表现不同的临床症状。剖检出现纤维素性心包炎、肝周炎、气囊炎、腹膜炎。

4. 大肠杆菌病与鸭衣原体病的鉴别

[相似点] 大肠杆菌病与鸭衣原体病均有心包炎、肝

周炎和气囊炎等病理变化。

[**不同点**] 鸭衣原体病是由鹦鹉热衣原体感染引起的一种接触性传染病，病鸭粪便呈黄绿色水样，气味恶臭，而鸭大肠杆菌感染的病鸭常排稀粪、泄殖腔周围常有粪便沾染；鸭衣原体病病鸭眼结膜发炎，病程长者眼球萎缩，而大肠杆菌病病鸭眼结膜常无病变；用肝脏接种麦康凯平板，鸭衣原体不能生长而大肠杆菌能长出亮红色菌落。

5. 大肠杆菌病与鸭链球菌病的鉴别

[**相似点**] 大肠杆菌病与鸭链球菌病均有精神委顿、羽毛松乱、减食或废食、下痢、粪便稀薄、有神经症状等临床表现并有心包及腹腔有纤维素、肝肿大等剖检病变。

[**不同点**] 鸭链球菌病是由链球菌引起的，病鸭表现缩颈怕冷（体温升高），濒死鸭出现痉挛或角弓反张等症状。皮下及全身浆膜、肌肉水肿出血。心包及腹腔内有浆液性出血或浆液纤维素性渗出物，心外膜有出血，肝肿大、淡黄色，脂肪变性，并见有坏死灶。肠壁肥厚，时而见有出血性肠炎。输卵管发炎。病料染色镜检，可见革兰氏阳性的单个或短链球菌。大肠杆菌病剖检可见纤维素性心包炎、纤维素性腹膜炎、纤维素性渗出物充斥于腹腔肠道和脏器间。

6. 大肠杆菌病与绦虫病的鉴别

[**相似点**] 大肠杆菌病与绦虫（四角、棘沟、有轮、赖利绦虫）病均有传染性，有精神沉郁、食减或废绝、粪便稀薄恶臭、神经症状等临床表现以及肠道出血等病理变化。

［**不同点**］绦虫病的病原为绦虫。粪检有虫卵或孕节片、卵袋。剖检可在小肠见虫体。

7. 鸭大肠杆菌病与鸭结核病的鉴别

［**相似点**］鸭大肠杆菌病与鸭结核病均有精神委顿、羽毛松乱、不愿活动、减食或废食、腹泻、产蛋下降、有关节炎等临床症状，并均有肝、脾有结节块（肉芽肿）等剖检病变。

［**不同点**］鸭结核病是由结核分枝杆菌引起的，表现为病鸭渐进性消瘦，胸骨突出如刀，翅下垂。剖检可见肝、脾、肠道、气囊、肠系膜等均有结核结节（粟粒大、豆大、鸽蛋大），切开干酪样物，涂片后用萋-尼氏染色法染色，镜检显红色结核分枝杆菌。大肠杆菌病剖检可见纤维素性心包炎、纤维素性腹膜炎、纤维素性渗出物充斥于腹腔肠道和脏器间。

【**防制**】

1. 预防措施

（1）加强管理　降低饲养密度，注意控制温湿度和通风，减少空气中的细菌污染，禽舍和用具经常清洗消毒，种鸭场应加强种蛋收集、存放和整个孵化过程的卫生消毒管理，搞好常见多发病的预防工作，减少各种应激因素，避免诱发大肠杆菌病的发生与流行。

（2）药物预防　大肠杆菌对多种抗生素如卡那霉素、新霉素、磺胺类等药物都敏感，但大肠杆菌极易产生耐药性。药物预防对雏禽常有一定的意义，一般可在雏禽出壳后开食时，在饮水中投 0.03％～0.04％ 的庆大霉素等。可选择敏感药物在发病日龄前 1～2 天进行预防性投药。

2. 发病后的措施

早期投药可控制早期感染的病鸭，促使痊愈，同时可防止新发病例的出现。但在大肠杆菌病发病后期，若出现了气囊炎、肝周炎、卵黄性腹膜炎等较为严重的病理变化时，使用抗生素的疗效往往不显著甚至没有效果。

处方1：氨苄青霉素（氨苄西林）按0.2克/升饮水或按5～10毫克/千克拌料内服，或阿莫西林按0.2克/升饮水，或庆大霉素2万～4万单位/升饮水，或卡那霉素2万单位/升饮水或1万～2万单位/千克肌注，每日1次，连用3天。

处方2：硫酸新霉素0.05%饮水或0.02%拌饲，或链霉素30～120毫克/千克饮水（13～55克/吨拌饲），连用3～5天。

处方3：土霉类按0.1%～0.6%拌饲（0.04%饮水），或强力霉素0.05%～0.2%拌饲，连用3～5天，或四环素0.03%～0.05%拌饲，连用3～5天。

处方4：甲砜霉素按0.01%～0.02%拌饲，或红霉素50～100克/吨拌饲，或泰乐菌素0.2%～0.5%拌饲，或泰妙菌素125～250克/吨饲料拌饲，连用3～5天．

处方5：磺胺嘧啶（SD）0.2%拌饲（0.1%～0.2%饮水），连用3天。

另外用氟苯尼考、丁胺卡那霉素、黏杆菌素、环丙沙星、恩诺沙星、洛美沙星、氧氟沙星等治疗，临床应用效果良好。

十四、鸭巴氏杆菌病

鸭巴氏杆菌病（鸭霍乱或鸭出血性败血症）是引起鸭大量发病和死亡的一种接触性、急性败血性传染病。

【病原】病原为鸭多杀性巴氏杆菌，存在于病鸭的内脏器官、体液和分泌物中。革兰染色阴性，呈细小的球杆菌。本菌的抵抗力弱，直射阳光下数分钟即死亡，一般消毒药数分钟可杀死，但在腐败禽体中可生存1～3个月。

【流行病学】各种家禽和多种野禽都能感染发病，常为散发，或呈地方性流行，发病无明显的季节性，各种日龄的鸭均可感染，但一般1月龄内的鸭的发病率较高，死亡率也高。病鸭和其他病禽是本病的传染来源。饲养管理不良、阴雨湿潮、长途运输和气候骤变等诱因能促使本病的发生和流行。主要通过消化道、呼吸道传染。

【临床症状】该病的潜伏期为12小时至3天，按病程长短可分为最急性、急性和慢性三种类型。

1. 最急性型

常见于流行初期，无明显症状，吃食或饮水时突然倒地死亡。

2. 急性型

病鸭精神呆滞、行动缓慢、不愿下水、羽毛松乱易湿、食欲缺乏、饮欲增加、体温升高，倒提病鸭时有大量的恶臭液体从口和鼻流下，病鸭常摇头，故又称"摇头瘟"。病鸭拉白色或铜绿色稀粪，少数鸭两脚瘫痪，不能行走，1～3天内死亡。

3. 慢性型

由毒力弱的毒株或由急性病例演变而来，常存在于卫生状况不良的鸭场，表现为消瘦，下痢，鼻炎，关节炎。病程稍长者可见局部关节肿胀，病鸭发生跛行或完全不能行走，还见到掌部肿如核桃大，切开见有脓性和干酪样坏死。蛋鸭产蛋减少。

【病理变化】最急性型的病例往往无明显的剖检病

变，有时仅能见到肠炎和心冠脂肪出血。急性病例明显的剖检病变为急性败血症，心包内充满透明的橙黄色渗出物，心冠脂肪上有出血点。肝、脾肿大，质地变脆、表面密布有大量的针尖大的圆形灰白色坏死点。鼻腔黏膜充血或出血。肺呈多发性肺炎，间有气肿和出血。肠道出血，以小肠前段和大肠黏膜充血和出血最严重，小肠后段和盲肠较轻。肠内容物呈胶冻样，肠黏膜脱落，肠淋巴集结环状肿大、出血呈环状，有的腹部皮下脂肪出血，产蛋鸭卵泡出血、破裂。慢性病例表现为关节肿大，内含粉红色炎性分泌物和干酪样物质。

【实验室诊断】细菌的分离鉴定、免疫荧光技术、琼脂扩散试验及酶联免疫吸附试验等。

【鉴别诊断】

1. 鸭巴氏杆菌病与鸭瘟的鉴别

［相似点］鸭巴氏杆菌病与鸭瘟均有传染性，体温高（42.5～44℃以上），委顿，停食，行走无力，不愿下水游嬉，拉稀，鼻分泌物多，呼吸困难，倒提时流口液。剖检可见肠充血、出血，肝表面有坏死灶，心肌、心内膜有出血点。

［不同点］鸭瘟是由鸭瘟病毒引起的一种急性传染病，仅鸭和鹅感染。鸡及哺乳动物不被感染。眼睑、下颌均肿胀（俗称大头瘟），眼有浆性脓性分泌物，严重时上下眼睑粘连，倒提时口流污褐色液体。两脚麻痹，排稀粪，初呈灰白色后变灰绿色、绿色，有的呈褐色，有特异臭味，叫声嘶哑。慢性角膜浑浊。剖检可见全身皮肤均有出血斑，皮下组织胶样浸润，除肠有充血、出血

外，小肠有四个深红色定位环带。泄殖腔充血、出血，胸腺有大量的出血点。用反向间接血凝试验（RPHA）检验濒死鸭鹅肝，检出率可达100%和80%。

2. 鸭巴氏杆菌病与鸭沙门菌病的鉴别

［**相似点**］鸭巴氏杆菌病与鸭沙门菌病均有精神不振、腹泻等临床表现和肝脏上有大量的灰白色的坏死点的病理变化。

［**不同点**］鸭沙门菌病是由沙门菌属中的一些在血清学上有关系的种引起的鸭的急性或慢性传染病。沙门菌病鸭肝脏常呈古铜色，肠壁上也有灰白色的坏死点，且肠黏膜呈糠麸样坏死，而巴氏杆菌病肠道的病变为内容物呈胶冻样，肠淋巴结肿大出血；鸭沙门菌病多发生于1～3周龄的雏鸭，而巴氏杆菌病多发生于1月龄以上的鸭；用肝脏接种麦康凯平板，多杀性巴氏杆菌不生长而鸭沙门菌能长出白色菌落。

3. 鸭巴氏杆菌病与雏番鸭"花肝病"的鉴别

［**相似点**］鸭巴氏杆菌病与雏番鸭"花肝病"均有精神沉郁、食欲减退和腹泻等临床表现及肝脏肿大、有灰白色针头大的坏死灶等病理变化。

［**不同点**］雏番鸭"花肝病"（鸭呼肠孤病毒病）是由番鸭呼肠孤病毒引起的、对雏番鸭有着较高的发病率和病死率的一种传染病。雏番鸭"花肝病"肝脏肿大、有灰白色针头大的坏死灶，在脾脏、胰腺及肾脏也可见与肝脏相似的变化，而鸭巴氏杆菌病表现肝脏肿大，有灰白色针头大的坏死灶，还表现有心冠脂肪组织有出血斑、心积液及十二指肠黏膜严重出血等病变，临床上出

现摇头症状（"摇头瘟"）；鸭霍乱肝脏触片、心包液涂片，革兰染色或美蓝染色见有许多两极染色的卵圆形小杆菌。用肝脏和心包液接种鲜血培养基能分离到巴氏杆菌，而雏番鸭"花肝病"均为阴性；雏番鸭"花肝病"雏鸭易感，发病率和病死率高，鸭霍乱则为青年鸭和成年鸭比雏鸭更易感。

4. 鸭巴氏杆菌病与鸭"白点病"的鉴别

[**相似点**] 鸭巴氏杆菌病与鸭"白点病"均有精神沉郁、食欲减退和腹泻等临床表现及肝脏和脾脏有大量的灰白色的坏死点及肠黏膜的出血及出血环的病理变化。

[**不同点**] 鸭"白点病"是由鸭疱疹病毒Ⅲ型引起的番鸭和半番鸭的一种病毒性传染病。鸭"白点病"则在胰腺及肾脏可见与肝脏相似的变化，而鸭霍乱则表现为心冠脂肪出血及肠内容物呈胶冻样。鸭霍乱肝脏触片、心包液涂片，革兰染色或美蓝染色见有许多两极染色的卵圆形小杆菌。用肝脏和心包液接种鲜血培养基能分离到巴氏杆菌，而鸭"白点病"均为阴性；鸭"白点病"的多发日龄为 10～32 日龄和 50～75 日龄两个日龄段，鸭霍乱则为青年鸭和成年鸭比雏鸭更易感。

5. 鸭巴氏杆菌病与鸭伪结核病的鉴别

[**相似点**] 鸭巴氏杆菌病与鸭伪结核病均有传染性，萎靡，低头缩颈，闭目打盹、行走困难，不愿下水，食少或废食，下痢，粪呈绿色。剖检可见心包充满液体，心冠脂肪、心内膜有出血点，肠道充血、出血，尤以小肠最为严重，肝有坏死点。

[**不同点**] 鸭伪结核病是由伪结核耶尔辛菌引起的一

种慢性接触性传染病，呼吸困难，下痢，粪有时呈暗红色，肛门外翻，消瘦，衰弱，肝脏、脾脏和肺部有黄色坏死灶或乳白色结节，肺有出血点或出血斑，切开流红色泡沫液体。气囊粗糙，有高粱大小的干酪样物，瑞氏染色菌体两极染色。生化试验有特性。而鸭巴氏杆菌病表现的肝脏坏死灶为灰白色针尖大小且数量多。鸭伪结核病多发生于幼龄鸭，而鸭巴氏杆菌病则多发生于青年鸭和成年鸭。

6. 鸭巴氏杆菌病与鸭流感的鉴别

[**相似点**] 鸭巴氏杆菌病与鸭流感均有精神沉郁、食欲缺乏、腹泻等临床表现以及心冠脂肪、心肌出血的病理变化。

[**不同点**] 鸭流感是由 A 型流感病毒引起的家禽的一种急性传染病，剖检除心冠脂肪、心肌出血外，还伴有胰腺出血，表现有大量的针尖大小的白色坏死点或透明样液化灶，心肌表面有条纹样坏死等，而鸭巴氏杆菌病则伴有肝脏的灰白色针尖大小的坏死灶；鸭流感可发生于各种年龄的鸭，而鸭巴杆菌病则多发生于青年鸭和成年鸭；鸭流感发病时一般会出现各种神经症状，如扭颈呈 S 状，触地、侧翻、侧卧、横冲直撞、共济失调等，而鸭巴氏杆菌病病鸭则不表现神经症状；病死鸭肝脏接种马丁琼脂，鸭巴氏杆菌会长成露珠样小菌落，而鸭流感病鸭不会生长。

7. 鸭巴氏杆菌病与禽链球菌病的鉴别

[**相似点**] 鸭巴氏杆菌病与禽链球菌病均有传染性，成年鸭易感，委顿闭眼，嗜睡缩颈，羽毛松乱，冠髯发

紫、髯水肿，腹泻，粪绿色，产蛋量减少。剖检可见肝肿大、暗紫色，有坏死点，心冠、心外膜有出血点，心包积液有纤维素。

［不同点］禽链球菌病的病原为链球菌。急性步行蹒跚，驱赶时走几步跌倒而不易翻过来。亚急性头藏于背羽，消瘦。头震颤，有的角膜炎、结膜炎肿胀流泪，有圆圈运动，角弓反张。翅爪麻痹和痉挛。剖检可见肺淤血、水肿，喉有干酪样粟粒大的坏死灶，气管、支气管黏膜充血，表面有分泌物，慢性主要表现纤维素性关节炎、腱鞘炎、输卵管炎、卵黄性腹膜炎，纤维性心包炎、肝周炎。病料涂片、染色，镜检可见革兰氏阳性单个或成对或短链排列的球菌。巴氏杆菌病病鸭不表现神经症状，肝脏有灰白色针尖大小的坏死灶。

8. 鸭巴氏杆菌病与禽结核病的鉴别

［相似点］鸭巴氏杆菌病与禽结核病均有传染性，精神不振，减食，冠髯苍白，关节炎，长期拉稀，蛋产量下降。

［不同点］禽结核病的病原为结核分枝杆菌，病初症状不明显，随后才出现症状，渐进性消瘦，胸骨突出如刀，翅下垂。剖检可见肝、脾、肠道、气囊、肠黏膜等均有结核结节（粟粒大、豆大、鸽卵大），切开干酪样，切片后用姜-尼氏染色法染色，镜检显红色杆菌（其他分枝杆菌呈蓝色）。禽结核菌素注于肉髯皮内呈阳性反应。

9. 鸭巴氏杆菌病与鸭支原体病的鉴别

［相似点］鸭巴氏杆菌病与鸭支原体病均有传染性，精神不振，步态不稳，离群掉队，有的关节炎跛行，鼻流黏液，下痢，粪绿色。剖检可见心冠脂肪出血点。

[**不同点**] 鸭支原体病的病原为禽支原体。结膜炎，流泪，以5～7周龄最为严重。剖检可见鼻腔、气管有大量的黏稠液，胸、腹腔、气囊、心包有多量浑浊液和纤维素蛋白絮片，腹腔脏器覆有黄色纤维膜，肝色深。用肝、脾、心包、心肌压片，姬姆萨染色，支原体呈紫色。

10. 鸭巴氏杆菌病与鸭球虫病的鉴别

[**相似点**] 鸭巴氏杆菌病与鸭球虫病均有传染性，委顿，闭目打盹，少食或不食，渴欲增加，不愿随群活动，下痢腥臭。剖检可见肠道充血、出血，尤以小肠前段最为严重，肠内容物呈红色。

[**不同点**] 鸭球虫病的病原为球虫，粪桃红色或暗红色，有时有黄色黏液，剖检可见小肠肿胀出血，十二指肠有出血点或出血斑，卵黄蒂前后尤为明显，红白相间，覆有糠麸样或干酪样黏液或胶冻样，不形成肠芯。刮取肠黏膜涂片，镜检可见裂殖子、裂殖体和卵囊。

11. 鸭巴氏杆菌病与隐孢子虫病的鉴别

[**相似点**] 鸭巴氏杆菌病与隐孢子虫病均有传染性，精神不好，缩颈闭目，翅下垂，呼吸迫促，绝食。

[**不同点**] 隐孢子虫病的病原为隐孢子虫，咳嗽，打喷嚏，伸颈张口呼吸。剖检可见喉气管水肿，多泡沫状液体，肺腑侧严重充血、表面湿润，常有灰白色硬斑，切面渗出液多，其他脏器无明显变化。用生前呼吸道分泌物在饱和白糖溶液将卵囊浮集，镜检可见卵囊。

【防制】

1. 预防措施

（1）加强饲养管理 做到雏鸭、中鸭、成年鸭分群饲养，不从疫区引进鸭。鸭在非疫区引进后要先隔离饲养 15～20 天，确认无病后才能转入场内。周围地区发生疫情时，应停止放牧，并立即接种禽霍乱疫苗。

（2）环境　保持鸭舍干燥、清洁、卫生，提高家禽的抗病力。

（3）疫苗预防　在禽霍乱多发地区和季节，使用疫苗预防。2 月龄以上的鸭肌注 2 毫升禽霍乱氢氧化铝灭活苗，8～10 天后再用 1 次，免疫期 3 个月以上；或用禽霍乱弱毒疫苗免疫注射，免疫期可达 4 个月。

2. 发病后的措施

一旦发病，应立即封锁鸭群，对全群鸭及可疑病鸭及时隔离并治疗，用药量要足。

处方 1：青霉素，每只鸭肌内注射 5 万～10 万单位，每日 2 次，连用 2～3 天。或链霉素，每只成年鸭肌注 10 万单位，每日 2 次，连用 2～3 天。

处方 2：土霉素，每只鸭土霉素片（25 万单位）1 片/天，连用 3～5 天，也可在饲料中添加 0.05% 连喂数天。

处方 3：饲料中添加 0.5%～1% 的磺胺二甲基嘧啶（或按 0.1% 的比例添加在饮水中），连用 3～4 天。或复方新诺明（或长效磺胺），每只成鸭用 0.2～0.3 克，每日 1 次，连用 3～4 天。或喹乙醇，30 克/千克体重的剂量拌于饲料中混服，每天 1 次，连服 3～5 天即可获得良好的疗效。

处方 4：苦木 0.3 克、一见喜 0.6 克、旱莲草 1.2 克，煎水调入饲料中喂服。

处方 5：明矾 30 克、雄黄 45 克、甘草 18 克，共研末拌抖喂。

处方 6：山楂、钩藤、宝花、淡竹叶、茵陈、荆芥、耳草各 500 克，煎水喂服。

处方 7：穿心莲 50 克、石菖蒲 50 克、花椒 100 克、山叉苦 50 克、童手梅 50 克、山芝麻 100 克、大黄 50 克、金银花 50 克、黄柏 50 克、黄芩 50 克、野菊花 100 克、甘草 30 克，水煎取汁或混合粉碎，按 1% 混入饲料中投喂，连用 2～3 天。

处方 8：茵陈 100 克、半支莲 100 克、白花蛇舌草 200 克、大青叶 100 克、藿香 50 克、当归 50 克、生地 150 克、车前子 50 克、赤芍 50 克、甘草 50 克（为 100 羽鸭 3 天的用量），水煎取汁，分 3～6 次饮服或拌入饲料，病重不食者灌服少量药汁。

处方 9：黄连 20 克、黄芩 20 克、黄柏 20 克、栀子 20 克、薄荷 30 克、菊花 30 克、石膏 30 克、柴胡 30 克、连翘 30 克（黄连解毒汤加减），水煎取汁拌料饲喂，小鸭按生药每羽每次 0.5～0.8 克，成鸭按生药每羽每次 1.0～1.5 克，每天 2 次，连服 2～3 天。

处方 10：藿香 30 克、黄连 30 克、苍术 60 克、大黄 30 克、黄芩 30 克、乌梅 60 克、厚朴 60 克、黄柏 30 克、板蓝根 80 克。除了大黄、乌梅分别研末另包外，余药共研细末，混匀将药末拌入饲料内喂服，每羽成鸭治疗药为每次 1～1.5 克，预防量减半，每天 2 次。病初用大黄不用乌梅，如发现已腹泻 3 天后，用乌梅不用大黄。预防时，大黄、乌梅同用。

注意：其他防制方案可参考鸭传染性浆膜炎、鸭大肠杆菌病、鸭沙门杆菌病等的治疗方案。

十五、鸭链球菌病

鸭链球菌病是由链球菌引起的小鸭的一种急性败血性传染病，雏鸭与成年鸭也可感染，常呈慢性经过。鸭链球菌感染虽不常见，但却是呈世界范围分布的，本病引起的急、慢性感染造成的损失可达 50% 以上，一般认

为是继发感染。本病急性感染时，主要造成全身败血性
症状，发病快、死亡快、病死率高，对鸭场可造成巨大
的损失。

【病原】链球菌属以前根据抗原构造、溶血特征来分
类。链球菌的抗原构造包括属特异、群特异和型特异三
种抗原。属特异抗原为核蛋白抗原，群特异抗原又称为
C 抗原，兰氏分群即以此为基础，用大写英文字母表示，
目前已确定了 20 个血清型。型特异抗原又称为表面抗
原。根据链球菌在血琼脂平板上的溶血现象分为 α、β、
γ 三类。应用新的细菌分类技术后，兰氏抗原血清群 D
群和 Q 群的某些菌株划分到肠球菌属。本病的病原主要
为链球菌属的兽疫链球菌和肠球菌属的粪肠球菌。

兽疫链球菌和粪肠球菌均为革兰氏阳性球菌，单个
成对或呈短链存在。一般致病性菌株的链较长，非致病
性菌株较短。不能运动，不形成芽孢。在普通培养基中
生长不良，需添加血液、血清或葡萄糖等。兽疫链球菌
和粪肠球菌的抵抗力不强，对热较敏感，煮沸可很快被
杀死。常用浓度的各种消毒剂均能杀死。

【流行病学】各种日龄的鸭均可感染，但临床表现不
同。本病多发生在鸭舍地面潮湿、空气污浊、卫生条件
较差的鸭场，多见于舍饲的鸭群。病鸭和带菌鸭是最大
的传染源，主要通过口腔和气雾传播，也可经皮肤创伤、
脐带感染等传播。本病无明显的季节性。

【临床症状】包括急性败血症和慢性感染两种。

急性败血症的临床症状包括精神倦怠、组织充血、
头部羽毛蓬乱、排黄色稀粪、消瘦、发绀等，产蛋鸭的

产蛋率下降。慢性病例精神不振，嗜睡冷漠，食欲减少或废绝，羽毛蓬乱无光泽，怕冷，头藏翅下，呼吸困难，冠及肉髯苍白，持续性下痢，体况消瘦，产蛋量下降。濒死鸭出现痉挛或角弓反张等症状。病程稍长的出现跛行或站立不稳，蹲伏，消瘦，有的出现下痢、眼炎或痉挛、麻痹等神经症状。

【病理变化】急性败血症的剖检变化为脾肿大，肝肿大，肾肿大，皮下组织充血及腹膜炎。慢性感染的剖检变化包括纤维素性关节炎或腱鞘炎、骨髓炎、输卵管炎、纤维素性心包炎和肝周炎、坏死性心肌炎、心瓣膜炎等。有时可见肝、脾和心脏发生梗死。胸部、腿部皮下有淤血斑块；肝脏肿大，有点状出血，表面有局部性坏死；脾脏肿大有出血点；心包膜、心外膜、气囊表面有纤维素性渗出物；腹腔积液，心包积液；肿大的趾、跗关节内也积有淡黄色的清亮渗出液；肠道有不同程度的弥散性出血、充血。

【实验室检查】细菌的分离鉴定。

【鉴别诊断】鸭链球菌病的临床表现和病理剖检变化与多种疾病相似，如幼雏的沙门菌病、大肠杆菌性败血症、葡萄球菌病等都可发生蛋黄吸收不全和肝炎。成年鸭的大肠杆菌病、葡萄球菌病、鸭淀粉样变病、坏死性肠炎都常见有腹膜炎、肝脏肿胀、色黄绿等变化。关节炎又多见于葡萄球菌感染。急性败血症病例临床无特殊症状，病变常易与小鸭传染性浆膜炎、大肠杆菌性败血症混淆。肝脏肿胀和出血则和小鸭肝炎相似。

1. 鸭链球菌病与沙门菌病的鉴别

［**相似点**］鸭链球菌病与沙门菌病均有精神沉郁、食欲废绝、下痢等临床表现和肝脾肿大等病理变化。

［**不同点**］沙门菌病的病原是沙门菌，主要危害雏鸭。雏鸭排白色腥臭奶油状粪便，病鸭肛门处的羽毛多被稀粪粘住而排便困难。病死鸭多数瘦弱，脚趾干枯，眼球下陷。肝脏表面有针尖大小的坏死点，盲肠膨大，内有灰白色液体或干酪样肠栓等。鸭链球菌病的病原是链球菌，可以危害成年鸭。排黄色稀粪或持续下痢，病程稍长的出现跛行或站立不稳，蹲伏，消瘦，有的出现下痢、眼炎或痉挛、麻痹等神经症状。

2. 鸭链球菌病与鸭大肠杆菌性败血症的鉴别

［**相似点**］鸭链球菌病与鸭大肠杆菌性败血症均有传染性，有精神倦怠、食欲减退、拉稀等临床症状和心包、腹腔有纤维素性渗出物和肝脾肿大的病理变化。

［**不同点**］鸭大肠杆菌病（鸭大肠杆菌败血症）是由大肠杆菌引起的一种急性败血性传染病。病鸭拉绿色稀便，呼吸困难。剖检见肝脏肿大，呈青铜色或胆汁状的铜绿色、质脆。脾脏肿大，呈紫黑色斑纹状。卵巢出血，肺充血、出血和水肿。全身浆膜呈急性渗出性炎症，气囊壁表面附有黄白色纤维素性渗出物。肠道黏膜呈卡他性或坏死性炎症。有些病鸭卵黄破裂，腹腔内混有卵黄物质，有些雏鸭卵黄吸收不全，有脐炎等病理变化。

3. 鸭链球菌病与禽巴氏杆菌病的鉴别

［**相似点**］鸭链球菌病与禽巴氏杆菌病均有传染性，成年鸭易感，委顿，闭目嗜睡，缩颈，羽毛松乱，冠髯

发紫，髯水肿，腹泻，粪呈绿色，产蛋量减少。剖检可见肝肿大、呈暗紫色、有坏死点，心冠沟、心外膜有出血点，心包积液、有纤维素。

[不同点] 禽巴氏杆菌病的病原为巴氏杆菌，口鼻流泡沫黏液，髯热痛。剖检可见鼻腔、皮下组织、肠系膜、浆膜、黏膜均有出血点，肠黏膜充血、出血，十二指肠最严重，黏膜呈暗红色、弥漫性出血，肠内容物含有血液或纤维素。用心血、肝脾涂片美蓝或瑞氏染色镜检，可见两极着色的卵圆形短杆菌。

4. 鸭链球菌病与鸭传染性浆膜炎的鉴别

[相似点] 鸭链球菌病与鸭传染性浆膜炎均有传染性，软弱，步态不稳，共济失调，困倦，排绿色稀粪，肛周粪污，翻倒仰卧不易翻转，有关节炎。剖检可见心包、腹腔有纤维素渗出物，肺淤血。

[不同点] 鸭传染性浆膜炎的病原为鸭疫里氏杆菌，以 2～3 周龄的雏鸭最易感，眼有浆性黏性分泌物，眼睑常粘连，颈歪。剖检可见肝橙红色、质脆，表面有一层灰白色或灰黄色纤维膜，极易剥离。气囊也有纤维素膜。用特异荧光抗体染色镜检，可见鸭疫里氏杆菌呈黄绿色环状结构，其他细菌不着色。

5. 鸭链球菌病与禽结核病的鉴别

[相似点] 鸭链球菌病与禽结核病均有传染性，委顿，食少或废绝，毛繁乱，冠髯苍白，拉稀，消瘦，关节炎，产蛋量下降。

[不同点] 禽结核病的病原为结核分枝杆菌，潜伏期很长，渐进性消瘦，胸骨突出如刀，贫血。剖检可见肝

呈灰黄色或黄褐色，肝、脾、肠系膜、浆膜有粟至豆大的结核结节。切开结节，取出干酪样物并染色镜检可见红色的结核分枝杆菌。用禽结核菌素肉髯皮内注射呈阳性反应。

【防制】

1. 预防措施

（1）加强卫生管理 种鸭舍要勤垫干草、保持干燥、勤捡蛋。入孵前可用福尔马林熏蒸消毒，出雏后注意保温。小鸭舍和成年鸭舍应注意垫草的卫生，防止鸭皮肤与脚伤感染。

（2）免疫接种 链球菌的抗原结构比较复杂，各型间缺乏交叉保护，可选择发病场分离的菌株制成灭活苗应用。

2. 发病后的措施

（1）加强隔离和消毒 隔离病鸭，将死鸭掩埋或焚烧。清理的粪便应堆肥发酵处理后运出。应对鸭舍、场地及各种用具进行彻底、严格的清洗和消毒。

（2）药物治疗 可选择的药物有青霉素、阿米卡星（丁胺卡那霉素）、卡那霉素、新霉素、四环素、氨苄西林、土霉素、金霉素、恩诺沙星、泰妙菌素等（用药剂量请参考本书鸭传染性浆膜炎、葡萄球菌病等），也可进行药敏试验后选择敏感药物治疗。

处方：金银花、荞麦根、广木香、地丁、连翘、板蓝根、黄芩、黄柏、猪苓、白药子各 40 克，茵陈 35 克，藕节炭、血余炭、鸡内金、仙鹤草各 50 克，大蓟、穿心莲各 45 克（以上为约 1000 羽 40 日龄左右的肉鸭 1 天的剂量）。水煎 2 次，取汁供饮服，每天 2 次，连用 3 天为 1 个疗程。对病重鸭可每次滴服原药液 2 毫升。

十六、鸭沙门菌病

鸭沙门菌病（鸭副伤寒）是由沙门菌属的细菌引起的鸭的急性或慢性传染病，雏鸭感染时常发生大批死亡，成年鸭为带菌者。该菌广泛存在于畜禽和人体内及外界环境中，危害动物和人的健康，危害公共卫生安全。

【病原】病原为沙门菌，为革兰染色阴性小杆菌，血清型种类很多，达 2000 余种。该菌的抵抗力不强，对热和一般常用的消毒剂都很敏感。菌体 60℃经 15 分钟死亡，但在土壤、粪便和水中的生存时间较长，可达数周至数月之久。该菌的毒素较为耐热，75℃经 1 小时仍有毒力，可使人发生食物中毒。

【流行病学】各品种的鸭均可感染发病。1～3 周龄的雏鸭最易感，呈流行性发生，死亡率为 10%～20%，严重时达 80% 以上，种蛋污染后可引起死胚和孵化率严重下降。成年鸭多呈隐性或慢性经过。发病鸭和带菌鸭以及污染本菌的动物性饲料是本病的主要传染源；消化道是本病的主要传播途径，也可经卵垂直传播；被污染的饲料、饮水、用具以及土壤等都是本病的传播媒介，鼠类和苍蝇等也是本病的传播者。鸭舍的卫生状况和饲养管理不良时会增加该病的发病率和死亡率。

【临床症状】经垂直传播或孵化器感染的雏鸭常呈败血症经过，不表现症状即迅速死亡。雏鸭水平感染后常呈亚急性经过，病鸭呆立，精神不振、昏睡打堆，两翼下垂、羽毛松乱，排绿色或黄色水样粪便，常突然倒地死亡，病程长的病鸭消瘦、衰竭而死。成年鸭感染后一般不表现症状，偶见下痢死亡。

【病理变化】初生幼雏的主要病变是卵黄吸收不全和脐炎，俗称"大肚脐"。日龄较大的小鸭常见肝脏肿大，边缘钝圆，表面色泽不均匀，有时呈灰黄色，肝表面及实质中有针尖大的密集的灰白色坏死点；整个肠道黏膜充血、出血，表面可见针头大的灰白色坏死点，有的肠黏膜坏死脱落，表面形成一层糠麸样物；最特征的变化是盲肠肿胀，呈斑驳状，内容物有干酪样的团块。慢性病变可见心包炎和关节炎。

【实验室诊断】细菌的分离培养和生化试验、血清学诊断、动物回归试验等。

【鉴别诊断】

1. 鸭的沙门菌病与鸭巴氏杆菌病的鉴别

[相似点] 鸭的沙门菌病与鸭巴氏杆菌病均有精神不振、腹泻等临床表现和肝脏上有大量的灰白色坏死点的病理变化。

[不同点] 鸭巴氏杆菌病是由多杀性巴氏杆菌引起的急性败血性传染病，发病率和病死率很高，青年鸭、成年鸭比雏鸭更易感，尤其是3周龄以内的雏鸭很少发生，而鸭沙门菌病多发生于1～3周龄的雏鸭；鸭巴氏杆菌病的鸭表现肝脏肿大，有灰白色针头大小的坏死点及心冠脂肪组织有出血斑，心包积液，十二指肠黏膜严重出血等特征性病变，而鸭沙门菌病除肝脏病变略有相似之外，其余的完全不同；用肝脏接种麦康凯平板，多杀性巴氏

97

杆菌不能生长而鸭沙门菌能长出白色菌落。

2. 鸭的沙门菌病与鸭疫里氏杆菌病的鉴别

[**相似点**] 鸭的沙门菌病与鸭疫里氏杆菌病均有传染性，不食，眼鼻流分泌物，头下垂，拉稀，病程较长后均可引起鸭喘气、消瘦和神经症状以及心包炎的病理变化。

[**不同点**] 鸭疫里氏杆菌病是由鸭疫里氏杆菌引起的各品种的鸭的一种败血性传染病，发病率和病死率根据感染菌株的毒力和饲养管理条件的不同而有很大的差别，多发生于7周龄内的雏鸭，鸭疫里氏杆菌感染的病鸭常排白色黏稠样粪便，而鸭的沙门菌病多发生于1～3周龄的雏鸭，病鸭常排绿色或浅绿色水样粪便或黑褐色糊状粪便；剖检时鸭疫里氏杆菌感染的病鸭可见心包炎、肝周炎和气囊炎，而沙门菌感染的病鸭偶见心包炎，以肝脏呈古铜色、表面有灰白色的小坏死点及盲肠肿胀、内有干酪样物质形成的栓子为特征；用肝脏接种麦康凯平板，鸭疫里氏杆菌不能生长而鸭沙门菌能长出白色菌落。

3. 鸭的沙门菌病与鸭大肠杆菌病的鉴别

[**相似点**] 鸭的沙门菌病与鸭大肠杆菌病发生于初生雏鸭时均表现为卵黄吸收不全和脐炎以及肝肿大等病理变化。

[**不同点**] 鸭大肠杆菌病是指由致病性大肠杆菌引起的鸭全身或局部感染的一种细菌性传染病，表现多种病型。大肠杆菌卵黄囊感染表现腹部膨胀和血管出血，卵黄未被吸收，上被黏性分泌物附着，卵黄囊血管出血。

存活时间较长（4天以上）的可出现心包炎。而沙门菌感染的病鸭偶见心包炎，以肝脏呈古铜色、表面有灰白色小坏死点及盲肠肿胀、内有干酪样物质形成的栓子为特征。将卵黄囊接种于麦康凯平板，鸭大肠杆菌长出亮红色菌落而鸭沙门菌则长出白色菌落，可以此鉴别。

4. 鸭的沙门菌病与雏番鸭"花肝病"的鉴别

［相似点］鸭的沙门菌病与雏番鸭"花肝病"均有病鸭精神沉郁、不愿走动、腿软、食欲减退、下痢等临床表现以及肝脏和肠壁上有大量灰白色的坏死点的病理变化。

［不同点］雏番鸭"花肝病"是由番鸭呼肠孤病毒引起的对雏番鸭有着较高的发病率和病死率的一种传染病。雏番鸭"花肝病"病鸭除肝脏和肠壁上有大量灰白色的坏死点外，还表现脾脏、胰腺及肾脏的灰白色坏死点，而沙门菌病病鸭肝脏常呈古铜色，肠黏膜呈糠麸样坏死；用肝脏接种麦康凯平板，雏番鸭"花肝病"病鸭无细菌生长而鸭沙门菌能长出白色菌落。土霉素、甲砜霉素、氟甲砜素、氟哌酸、复方敌菌净、环丙沙星、恩诺沙星等对鸭的沙门菌病均有良好的治疗效果，但对雏番鸭"花肝病"无效。

5. 鸭的沙门菌病与鸭"白点病"的鉴别

［相似点］鸭的沙门菌病与鸭"白点病"均有精神沉郁、不愿走动、腿软、食欲减退、下痢及肝脏和肠壁上有大量灰白色的坏死点的病理变化。

［不同点］鸭"白点病"是由鸭疱疹病毒Ⅲ型引起的番鸭和半番鸭的一种病毒性传染病。鸭"白点病"病鸭

除表现肝脏和肠壁上有大量灰白色的坏死点外，还表现脾脏、胰腺及肾脏有灰白色坏死点，而沙门菌病病鸭肝脏常呈古铜色，肠黏膜呈糠麸样坏死；用肝脏接种麦康凯平板，鸭"白点病"病鸭无细菌生长而鸭沙门菌能长出白色菌落。

6. 鸭的沙门菌病与鸭衣原体病的鉴别

[**相似点**] 鸭的沙门菌病与鸭衣原体病均有心包炎的病理变化。

[**不同点**] 鸭衣原体病是由鹦鹉热亲衣原体引起的一种接触传染性疾病，病理变化中除表现的心包炎外，还表现肝周炎和气囊炎，而沙门菌感染的病鸭以肝脏呈古铜色、表面有灰白色小坏死点及盲肠肿胀、内有干酪样物质形成的栓子为特征；鸭衣原体病鸭粪便呈黄绿色水样，气味恶臭，而鸭沙门菌感染的病鸭常排绿色或浅绿色水样粪便或黑褐色糊状粪便；用肝脏接种麦康凯平板，鸭衣原体不能生长而鸭沙门菌能长出白色菌落。

7. 鸭的沙门菌病与禽曲霉菌病的鉴别

[**相似点**] 鸭的沙门菌病与禽曲霉菌病均有传染性，羽毛蓬乱，厌食，精神不振，嗜睡呆立，翅下垂，下痢，结膜炎。

[**不同点**] 禽曲霉菌病的病原为禽曲霉菌。对外界反应冷漠，呼吸张口伸颈有"沙沙"声，打喷嚏。剖检可见肺有霉菌结节，周围有红色浸润，切开有干酪样物，似有层状结构，气囊也有结节，有时形成霉斑，镜检肺部结节压片可见曲霉菌的菌丝，气囊结节可见分生孢子柄和孢子。

【防制】

1. 预防措施

首先应加强和改善养鸭场的环境卫生，防止场地和器具污染沙门菌；其次是要加强鸭群的饲养管理，提高鸭群的抵抗力；不要从发病或污染的鸭场购买雏鸭或种蛋。防止蛋壳被沙门菌污染，种蛋和孵化器要定期消毒。

2. 发病后的措施

首先淘汰鸭群中病情特别严重且腹部膨大者，集中深埋；饲料中添加复合维生素制剂。特别注意补充亚硒酸钠、维生素 E 和维生素 C，以提高鸭的免疫力和抗应激能力。

处方 1：饮水中添加左旋氧氟沙星可溶性粉，剂量为 100 千克水中添加 4 克原粉，连用 5～7 天。

处方 2：氟哌酸（或强力霉素），100 毫克/千克饲料拌料饲喂，连用 5～7 天。

处方 3：氟苯尼考（或丁胺卡那霉素）按 100 千克水添加 10～12 克饮用，连用 5～7 天。

十七、鸭葡萄球菌病

鸭葡萄球菌病是由金黄色葡萄球菌引起的鸭的一种急性或慢性多种临床表现的条件性传染病，是鸭群中常见的一种细菌性疾病，特别是在饲养管理水平差时容易发生。临床上有多种病型：腱鞘炎、创伤感染、败血症、脐炎、心内膜炎等。感染该病可引起增重减缓、产蛋下降和屠宰加工淘汰；并且时有死亡发生。

【病原】病原是金黄色葡萄球菌，是微球菌科葡萄球菌属中的一种。该菌耐盐性强，在含 10%～15% NaCl 的培养基中亦能生长，故可用高盐培养基分离金黄色葡萄球菌。该菌革兰染色阳性，显微镜下呈堆状或葡萄串状排列，但在脓汁中或生长在液体培养基中的球菌常呈双球或短链排列。本菌的抵抗力极强，在干燥的脓汁或血液中可存活 2～3 个月，80℃经 30 分钟才能杀死，煮沸可迅速使其死亡。

【流行病学】各品种的鸭均可感染，发病日龄从 10～60 日龄不等，一般在 40 日龄以上。金黄色葡萄球菌无处不在，环境、病鸭、病愈鸭和健康带菌鸭都可能是传染源。伤口（皮肤、黏膜损伤）的接触性感染是本病传播的主要途径。鸭葡萄球菌病的发病率和病死率通常较低，除非是在孵化环境中存在大量的细菌或免疫接种操作出现严重污染。饲养管理条件的优劣程度决定了发病率、病死率的高低。本病无明显的季节性。

【临床症状】病鸭表现的症状主要分急性型和慢性型。

急性型病鸭表现精神不振，食欲废绝，两翅下垂，缩颈，嗜睡，下痢，排出灰白色或黄绿色稀粪。典型症状为胸腹部以及大腿内侧皮下浮肿，有血样流体渗出。破溃后，流紫红色液体，周围羽毛沾污；跗、胫和趾关节发生炎性肿胀，有热痛；也常见结膜炎或腹泻；有时发生龙骨上浆液性滑膜炎。小鸭感染后可产生脐炎，表现脐部肿大，紫黑色；时间稍久，形成脓样干涸坏死物。

慢性型病例主要表现为关节炎，多发生在种鸭。病鸭站立时频频抬脚，驱赶时表现跛行或跳跃式步行，跖枕部流出大量的血液和脓性分泌物。早期触摸感染关节有热痛感，后期变硬。跖趾、跗关节肿胀变形，破溃，关节面粗糙。

【病理变化】关节炎、关节周围炎和滑膜炎较常见。感染关节部位明显肿大，切开常可见肿胀块或关节肿积液由纤维组织肉芽肿形成。关节腔内积有淡黄色脓性分泌物或纤维脓性渗出物。腹腔常有化脓灶。死鸭有腹水，肝肿大，质脆，呈黄绿色；脾肿大，淤血。心外膜有出血点。成年鸭感染出现爪垫脓肿——"踉跄脚"，导致脚爪极度肿胀和跛行。

【实验室诊断】细菌的分离鉴定、EILSA 法快速检测肠毒素等。

【鉴别诊断】

1. 鸭葡萄球菌病与番鸭呼肠孤病毒病（白点病或花肝病）的鉴别

[相似点] 鸭葡萄球菌病与番鸭呼肠孤病毒病均以软脚为主要症状。

[不同点] 番鸭呼肠孤病毒病的病原是呼肠孤病毒。只引起雏番鸭发病，以 7～30 日龄多见。发病初期患鸭精神抑郁，采食下降，有叫声。3～5 天后发病率和死亡率逐渐增加，并陆续出现跗关节肿大、发热和软脚现象，严重时软脚的比例可达 90% 以上，病程可持续 10～30 天。剖检可见患鸭肝脏肿大，肝脏表面有大量的白色针尖大小的坏死点，脾脏也有白色坏死点，中后期则出现心包炎。药物防治效果较差。鸭葡萄球菌病常见于体形

较大品种的鸭（如番鸭、北京鸭）和网上饲养的大型肉鸭，是由金黄色葡萄球菌感染了鸭皮肤、关节导致出现软脚现象。病鸭的跖关节和趾关节肿胀发脓。临床上还可见跛行、吃料减少等症状。使用敏感的抗生素，如庆大霉素等有良好的治疗效果。

2. 鸭葡萄球菌病与鸭传染性浆膜炎的鉴别

［相似点］鸭葡萄球菌病与鸭传染性浆膜炎均以软脚为主要症状。

［不同点］鸭传染性浆膜炎的病原是鸭疫里氏杆菌。发病日龄在 5～60 日龄之间。患鸭出现软脚，排白色稀便。部分病鸭出现神经症状，吃料基本正常。主要病变是出现明显的心包炎、肝周炎，有的气囊会出现浑浊或附着干酪样渗出物，脑外膜出血。鸭葡萄球菌病病鸭的跖关节和趾关节肿胀发脓（切开常可见肿胀块或关节肿积液由纤维组织肉芽肿形成），出现跛行、吃料减少等症状。

3. 鸭葡萄球菌病与毒梭菌中毒的鉴别

［相似点］鸭葡萄球菌病与毒梭菌中毒均以软脚为主要症状。

［不同点］毒梭菌中毒的病因是野外放牧的鸭（如产蛋麻鸭）吃到腐败的动物尸体（如死鱼、死鸭、死老鼠等）或采食了动物性蛋白以及已发生变质的饲料。主要表现为鸭群中部分患鸭发生软脚，不爱走动，翅膀下垂，不停地上下拍动，严重时出现软颈现象（头着地、站不起来），甚至死亡。无特征性病变，有时可见到肝肿大，肝表面有树枝状出血斑。无特效药物治疗。

4. 鸭葡萄球菌病与营养缺乏症的鉴别

［**相似点**］鸭葡萄球菌病与营养缺乏症均有软脚的临床表现。

［**不同点**］营养缺乏症是饲料中缺乏烟酸、生物素、锰时，肉鸭行走时腿软，腿部关节弯曲、肿大。缺乏钙、磷、维生素 D_3 或钙、磷比例失衡均能导致肉鸭发生腿软病。

【**防制**】

1. 预防措施

（1）疫苗免疫接种　针对发病率较高的鸭场可考虑使用金黄色葡萄球菌苗（自家苗）进行免疫预防。特别是在种鸭开产前 2 周左右接种鸭葡萄球菌油佐剂疫苗，可大大地降低本病的发生。

（2）平时其他预防措施　加强科学的饲养管理，喂给必要的营养物质，特别是供给足够的维生素制剂和矿物质；鸭舍要适时通风，保持干燥；饲养密度不宜过大，避免拥挤，这样可以增强鸭的体质，提高抵抗力；做好鸭舍及鸭群周围环境的消毒工作，减少环境中的含菌量，降低感染机会。特别要注意种蛋、孵化器及孵化过程和工作人员的清洁、卫生和消毒工作，防止污染葡萄球菌，引起鸭胚、雏鸭感染或发病；尽量避免和减少外伤的发生，如雏鸭网育的铁丝网结构合理，防止铁丝等刺伤皮肤，种鸭运动场平整。

2. 发病后的措施

隔离病鸭，将死鸭掩埋或焚烧。清理的粪便应堆肥发酵处理后运出。应对鸭舍、场地及各种用具进行彻底、严格的清洗和消毒。药物治疗：应首先采集病料分离出病原菌，通过药敏试验选择敏感药物进行治疗。种鸭发病早期，可针对发病个体切开感染部位，清创治疗或局部注射庆大霉素等敏感药物有一定的疗效，但费时、费力。

处方 1：庆大霉素，3000～5000 单位/千克体重，肌内注射，每天 2 次，连用 3 天。

处方 2：卡那霉素，1000～1500 单位/千克体重，肌内注射，每天 2 次，连用 3 天。

处方 3：红霉素，按 0.01%～0.02% 的药量加入饲料中喂服，连用 3 天（或土霉素、四环素或金霉素，0.2% 的比例混入饲料中喂服，连用 3～5 天。或氟哌酸、环丙沙星，按 50 毫升/升饮用）。

处方 4：黄连、黄柏、焦大黄、黄芩、板蓝根、茜草、大蓟、车前子、神曲、甘草各等份，共研细末，成年鸭按每千克体重 1 克、雏鸭按每千克体重 0.6 克拌料饲喂，每天 1 次，连用 3～5 天。

处方 5：黄芩 100 克、黄柏 100 克、黄连 100 克、白头翁 100 克、陈皮 100 克、厚朴 100 克、香附 100 克、茯苓 100 克、甘草 100 克（加减三黄加白汤），煎汁供饮用，500 羽体重 1 千克以上的鸭 1 天的量，连用 2～3 天。

处方 6：黄连、黄芪、金银花、大青叶、雄黄等各适量（雄连散），共研末，按每日每千克体重 1～2 克，拌料或饮水，连用 3 天。

处方 7：金银花 35 克、连翘 35 克、黄花地丁 35 克、茵陈 30 克、板蓝根 30 克、赤茯苓 30 克、神曲 20 克、山楂 20 克、青皮 15 克、甘草 15 克，为 100 羽雏鸭 1 天的剂量，水煎取汁，2/3 供病鸭饮服，1/3 同时拌料饲喂，每天 1 剂，待病鸭停止死亡后用量减半，继续使用 3～4 天。

十八、禽李氏杆菌病

禽李氏杆菌病又称禽单核细胞增多症，是由李氏杆菌引起的禽类的一种散发性传染病。主要表现为单细胞增生性脑炎、坏死性肝炎和心肌炎等症状。

【病原】李氏杆菌是一种球杆菌，大小为（0.4～0.5)微米×(0.5～1)微米，兔血琼脂培养基上可长成 3～30 微米的菌丝。普通琼脂培养基菌体 0.4～0.6 微米，菌体单个或呈 "V" 形排列，22～25℃时形成 4 根鞭毛，有运动性，37℃时不长鞭毛或只有单鞭毛，运动减弱或消失。无芽孢，一般无荚膜，革兰氏阳性。但在血清葡萄糖蛋白胨中能形成多黏糖荚膜，老龄培养物有时脱色为阴性，菌体染色常两极浓染（易误认为双球菌）。

【流行病学】鸡、鸭、鹅、火鸡、金丝雀均易感，实验动物小鼠、兔、豚蠡也易感。可通过消化道、呼吸道、眼结膜、受伤皮肤感染，污染饲料饮水、吸血昆虫均为传染源。多为散发，偶尔呈地方性流行，主要侵害 2 月龄以下的幼禽，发病率低，病死率高（52%～100%）。3～5 月多发，冬季也有发生，缺乏青料、气候骤变、缺乏维生素 A、B 族维生素时均为发病诱因。

【临床症状】潜伏期一般为 2～3 周。突然发病，初委顿，羽毛粗乱，离群孤呆，食欲缺乏，下痢，冠髯发绀，脱水，皮肤暗紫，随后两翅下垂，两腿软弱无力，行动不稳，卧地不起，倒地侧卧、腿划动。有的无目的地乱闯，尖叫，头颈侧弯，仰头，腿部阵发抽搐，神志不清，最后死亡。

【病理变化】脑膜血管明显充血。心肌有坏死灶，心包积液，心冠脂肪出血。肝肿大，呈土黄色，有紫色淤血斑和白色坏死点，质脆易碎。脾肿大，呈黑红色。腺胃、肌胃、肠黏膜出血，黏膜脱落，有的腹腔有大量的血样物，肾肿大、有炎症。

【实验室诊断】用血液、肝、脾、肾、脑涂片，革兰氏染色镜检可见排列"V"形的革兰阳性小杆菌。将病料制成悬液，用普通肉汤（如胰蛋白酶大豆肉汤、脑心浸液）以 1∶1 稀释，用研钵或匀浆器调匀，将悬液通过腹腔、脑腔或静注兔、小鼠、豚鼠，很快引起死亡。如点眼则出现化脓性结膜炎，不久死亡。

【鉴别诊断】

1. 禽李氏杆菌病与禽链球菌病的鉴别

[相似点] 禽李氏杆菌病与禽链球菌病均有传染性，突然委顿，羽毛粗乱，冠髯发紫，头颈弯曲，仰头，腿部痉挛或两腿软弱无力。剖检可见心冠脂肪有出血点，肝肿大、有紫色淤血斑和坏死灶，肾肿大。

[不同点] 禽链球菌病的病原为禽链球菌，部分腿部轻瘫，跗趾关节肿大、跛行，足底皮肤组织坏死。有的羽翅发炎、流分泌物，结膜炎，流泪。剖检可见肝呈暗紫色，脾有出血性坏死，肺淤血、水肿，喉干酪样坏死，气管、支气管充满黏液。用肝、脾血液涂片，美蓝、瑞氏或革兰氏染色镜检，可见到蓝紫色或革兰氏阳性的单个或短链排列的球菌。

2. 禽李氏杆菌病与维生素 B_1 缺乏症的鉴别

[相似点] 禽李氏杆菌病与维生素 B_1 缺乏症均有羽毛粗乱，食欲缺乏，两肢无力、行动不稳，仰头，两翅下垂，有的乱闯。

[不同点] 维生素 B_1 缺乏症的病因是维生素 B_1 缺乏，饲料中缺乏谷类籽实，或多吃鲜鱼虾和软体动物或蕨类植物。脚趾屈肌先麻痹，接着向大腿、翅、颈发展，体温降至 $35.5℃$。

3. 禽李氏杆菌病与维生素 B_6 缺乏症的鉴别

[相似点] 禽李氏杆菌病与维生素 B_6 缺乏症均有无目的地乱跑，翻倒在地抽搐，以致衰竭死亡。

[不同点] 维生素 B_6 缺乏症的病因是维生素 B_6 缺乏。食欲下降，生长不良，贫血，惊厥乱跑时翅膀扑击。另一种则无神经症状，跗跖关节弯曲，成年禽的产蛋率下降。

4. 禽李氏杆菌病与一氧化碳中毒的鉴别

[相似点] 禽李氏杆菌病与一氧化碳中毒均有委顿，羽毛粗乱，呆立，瘫痪，阵发抽搐。

[不同点] 一氧化碳中毒的病因是舍内空气中的一氧化碳含量过高，鸭表现流泪呕吐，重时昏睡，死前痉挛或惊厥。剖检可见血管及脏器内血液鲜红，心肌纤维坏死。

【防制】加强管理，搞好清洁卫生，定期消毒，对育雏的管理尤要注意。发现病禽隔离治疗，死禽如尚有利用价值，必须经无害化处理后才可利用。场地用3%石炭酸、3%来苏儿、2%火碱、5%漂白粉严格消毒。防止病禽进入无病场内。在治疗前应选敏感药物。

处方1：氨苄青霉素和苄基青霉素G对本病有抑制作用。链霉素虽有较好的治疗作用，但易产生抗药性。

处方2：四环素按0.06%～0.1%混入饲料喂饲，连用3～5天。

十九、鸭变形杆菌病

鸭变形杆菌病是由奇异变形杆菌引起的雏鸭的一种散发性的细菌性传染病，临诊上以咳嗽、张口呼吸、气管及肺脏出血为特征。过去该病少见发生，人们也常认为变形杆菌为环境污染菌或条件致病菌，然而近些年来随着养鸭场规模及鸭群饲养密度的加大，该病单一感染或混合感染时有发生，不容忽视。

【病原】本病的病原是肠杆菌科变形杆菌属的奇异变形杆菌。该菌革兰染色阴性，为需氧兼性厌氧菌，有鞭毛，无芽孢和荚膜，在普通营养琼脂平板、巧克力平板、血液琼脂平板上分别长出淡黄色、白色、黄色菌落，不能单个分开而呈扩散状态生长，同时在巧克力平板上和血液琼脂平板上都产生溶血。

【流行病学】国外学者陆续发现了变形杆菌能感染多种动物，但在国内很少见到变形杆菌感染鸭的报道。人们也常认为变形杆菌为环境污染菌或条件致病菌，然而近些年来随着养鸭场规模及鸭群饲养密度的加大，该病单一感染或混合感染时有发生。鸭、鸡等均可感染发生该病，多发于3～35日龄的雏鸭。该病的发病率、病死率与发病鸭的日龄密切相关，日龄越小，其发病率、病死率越高，在雏鸭发生该病时，一般发病率为 47.5%，病死率高达 38.4%。本病多见于冬春寒冷季节和春夏之交的潮湿季节，且有时与其他常见的鸭细菌性传染病（如鸭传染性浆膜炎、鸭大肠杆菌病等）、鸭病毒性传染病（如雏鸭病毒性肝炎、雏番鸭细小病毒病、番鸭"花肝病"等）和鸭球虫病等混合感染。

【临床症状】患该病的病鸭的主要表现为体温升高、呼吸急促（张口呼吸）、打喷嚏、咳嗽、流涎、排白色或绿色稀粪、羽毛脏乱。

【病理变化】喉头和气管黏膜出血，气管内充满大量的干酪样物或积有血凝块；肺水肿、弥漫性出血或淤血，切面呈大理石样；肝、脾肿大稍出血；气囊炎，气囊壁上附有大量的干酪样物；胆囊鼓胀。

【实验室诊断】细菌分离、鉴定以及人工感染试验。

【鉴别诊断】

鸭变形杆菌病与鸭大肠杆菌病的鉴别

［相似点］鸭变形杆菌病与鸭大肠杆菌病均有精神萎靡、食欲减退、呼吸困难、下痢、鼻流黏液等临床表现和心包炎、肝周炎、腹膜炎等病理变化。

［不同点］鸭大肠杆菌病的病原是大肠杆菌。主要以败血症剖检变化为特征。患鸭肝脏肿大，呈青铜色或胆汁状的铜绿色。脾脏肿大，呈紫黑色斑纹状。

【防制】

1. 预防措施

鸭场要注意对雏鸭，特别是 30 日龄以内的雏鸭做好防寒、保暖等护理工作，以提高鸭群自身的抵抗力，鸭场要强化卫生管理制度，定期打扫、清洗和消毒场地、用具等。

2. 发病后的措施

（1）加强隔离和消毒　隔离发病鸭，并对鸭舍进行严格的消毒。更新垫料，清洁栏舍，用 0.5%～1% 菌毒灭进行场地栏舍消毒，并在鸭场的出入口建立消毒设施，严防因行人、交通工具相互传播。

（2）药物治疗

处方 1：1～10 日龄的雏鸭每羽庆大霉素 5000～8000 国际单位，青霉素 6 万国际单位；11～20 日龄的脱温小鸭每羽肌内注射庆大霉素 2 万国际单位，青霉素 20 万国际单位，每天 2 次，连用 2 天。

处方 2：硫氰酸红霉素（强力米先）、施得福、速补等，雏鸭在饮水中加入强力米先 10 克、施得福 5 克、速补 5 克，溶于 10 千克井水让其自由饮用，连用 3～5 天（同群鸭），病鸭人工灌服该药液每次每羽 6 毫升，每日服 4 次。

处方 3：施得福 20 克，强力米先 50 克，土霉素碱 12.5 克，速补 7.5 克，复方敌菌净粉 50 克，溶于 50 千克井水，供自由饮水，连喂 3 天（此量为 600 只 10 日龄以上的脱温小鸭，离群不饮水者，人工给予灌服，每次每羽 10 毫升，每天 4 次）。

处方 4：新霉素或林可霉素，按 0.01%～0.015% 拌料饲喂，或按 0.005%～0.007% 混入饮水中饮用，连用 2～3 天。

二十、鸭结核病

鸭结核病是由禽分枝杆菌引起的一种慢性传染病，主要发生于种鸭，该病的特征是渐进性消瘦、贫血、产蛋率减低或停产，剖检见肝或脾脏有结核结节。本病在国内外均有报道。其危害养鸭业的程度不同，在我国南方养蛋鸭较多，饲养日龄较长，故本病易于发现，然而在北方，鸭的饲养日龄较短，当疾病尚未发展到一定程度时即被屠宰，故而极少见。本病在成年蛋鸭中的发病率很低，未构成严重威胁。

【病原】 本病的病原为禽分枝杆菌，属分枝杆菌属。禽分枝杆菌有 28 个血清型，1～6 和 8～11 称为禽分枝杆菌禽亚种，7、12～20、23 和 25 称为禽分枝杆菌胞内亚种，以前称为胞内分枝杆菌，其余血清型还未命名。本菌为专性需氧菌，营养要求特殊，必须在添加特殊营养物质的培养基上才能生长，且生长缓慢。该菌呈细长或略带弯曲的杆菌，有时呈棍棒状，有分枝生长的趋势，革兰染色阳性。本菌能抵抗 3% 盐酸酒精的脱色作用，故称为抗酸菌。用姜-尼氏染色法染色，该菌呈红色，其他非抗酸性细菌和细胞杂质均呈蓝色，这种染色法被广泛用于诊断。对化学药剂的抵抗力也较强，对溶脂的离子清洁剂敏感；对 2% 来苏儿、5% 石炭酸、3% 甲醛、10% 漂白粉、70%～75% 酒精敏感。4% NaOH、3% HCl 和 6% H_2SO_4 中 30 分钟，有相对的耐性，活力不受影响，故在实验中常用此处理病料中的杂菌，培养基中也常加入，以达到控制杂菌的目的。结核杆菌对常用的磺胺药和抗生素均不敏感，链霉素、环丝氨酸等抗生素和异烟肼、对氨基水杨酸、利福平等药物，有抑菌或杀菌作用。

【流行病学】 本病的主要传染源是病鸭和带菌鸭，其感染途径主要是消化道和呼吸道，也可经皮肤创伤侵入。

病鸭、带菌鸭的分泌物和排泄物含有大量的病原菌，污染土壤、垫草、用具、饲料和饮水，健康鸭吞食后受感染。鸭蛋、野禽也能传染本病。运输工具和管理人员也能成为本病的传染媒介。饲养管理条件差、鸭群密度大、重复感染等都能促进本病的发生。由病鸭蛋孵出的雏鸭患病，多半为病程较短的全身性结核病而死亡。

【临床症状】 鸭结核病的潜伏期较长，一般须经几个月才逐渐表现出明显的症状。病鸭精神沉郁，身体衰弱，不爱活动，日渐消瘦，体重减轻，特别是胸肌萎缩明显，胸骨突出、变形。随着病程发展可见羽毛松乱，皮肤干燥，冠、髯苍白。多数病鸭呈单侧性跛行和特异性痉挛，呈跳跃式的步态，偶有一侧翅膀下垂，肿胀的关节有时破溃，流出干酪样的分泌物。成年鸭的产蛋量减少或停产。腹部可触摸到结节状或块状物及肝脏上的结节。如果在肠道有结核性溃疡，可导致病鸭严重腹泻或间歇性腹泻。最后病鸭多因全身衰竭而死亡。病程可长达数月乃至1年以上。

【病理变化】 病死鸭常是极度消瘦、肌肉萎缩的。多在肝、脾、肠系膜淋巴结及肺脏等器官形成粟粒大至豌豆大的灰黄色或灰白色的结核结节，大多为圆形。有的几个结节融合在一起呈不规则状，将结节切开，可见结节外面包裹一层纤维性的包膜，里面充满黄白色的干酪样物质。在肠壁和腹壁上也常有许多大小不等的灰白色结核结节。此外，在骨骼、卵巢、睾丸、胸腺以及腹膜等处，也可见到结核结节。这些结核结节的特点通常是界限明显，坚韧如软骨，但具有中心柔软或干酪样的病灶，如完全钙化时则质如沙砾。

【实验室诊断】细菌学检查、变态反应诊断、全血平板凝集试验等。

【鉴别诊断】

1. 鸭结核病与鸭曲霉菌病的鉴别

［**相似点**］鸭结核病与鸭曲霉菌病均有传染性，精神不振，呆立，羽毛松乱，逐渐消瘦，贫血，产蛋下降，病程长（数周或数月）。剖检可见肺、气囊有结节（霉菌结节），切开呈干酪样。

［**不同点**］禽曲霉菌病的病原为曲霉菌，鸭曲霉菌病多发生于幼龄鸭。雏鸭发病时闭目昏睡、呼吸困难，摇头甩鼻，成年鸭也有呼吸困难。剖检可见肺的霉菌结节（粟米至绿豆大，一般仅分布于肺和气囊），色呈灰白色、黄白色、淡黄色，周围有红色浸润，柔软，干酪样物有层状结构。气囊的霉菌结节呈烟绿色或深褐色，用手拨动有粉状物飞扬。霉菌结节置玻片上加生理盐水、镜检肺部可见曲霉菌的菌丝，气囊可见分生孢子柄和孢子。鸭结核病多发生于老龄鸭。结节分布于几乎所有内脏。

2. 鸭结核病与鸭伪结核病的鉴别

［**相似点**］鸭结核病与鸭伪结核病均有传染性，羽毛松乱，腹泻及在肝、脾和肺有灰白色或灰黄色的结节的病理变化。

［**不同点**］鸭伪结核病是由伪结核耶尔辛菌引起的一种慢性接触性传染病，鸭伪结核病多发生于幼龄鸭，而鸭结核病则多发生于老龄鸭；鸭伪结核病除表现结节外还表现心、肺、肝、脾和肾脏等的出血变化，结核病则

无其他的明显病变。

3. 鸭结核病与禽伤寒的鉴别

[**相似点**] 鸭结核病与禽伤寒均有传染性，多种禽类能感染。委顿，羽毛松乱，冠髯苍白皱缩，贫血腹泻。剖检可见肺、肝有坏死灶。

[**不同点**] 禽伤寒的病原为伤寒沙门菌，感染后体温升至 43～44℃，发生卵黄性腹膜炎时像企鹅样站立，病程 5～10 天死亡。剖检可见肝呈棕绿色或古铜色（雏鸭变红），肝、肺、肌胃均有灰色坏死灶（不形成结节）。用病料分离培养可鉴定禽伤寒沙门菌。

4. 鸭结核病与禽副伤寒的鉴别

[**相似点**] 鸭结核病与禽副伤寒均有传染性，精神委顿，食欲缺乏，下痢，消瘦，关节炎，产蛋下降。剖检可见肝、脾肿大。

[**不同点**] 禽副伤寒的病原为副伤寒沙门菌。成年禽下痢，脱水后大多恢复迅速。死亡不超过 10%，剖检可见出血性坏死性肠炎、心包炎、腹膜炎，输卵管坏死性增生性病变，卵巢化脓性坏死性病变，以克隆抗体和核酸探针为基础的检测沙门菌诊断药盒容易做出诊断。

5. 鸭结核病与禽大肠杆菌病的鉴别

[**相似点**] 鸭结核病与禽大肠杆菌病均有传染性，食减或废绝，羽毛松乱，呆立不愿活动，腹泻，产蛋下降，关节炎。剖检可见肝、脾有结节块（肉芽肿）。

[**不同点**] 禽大肠杆菌病的病原为大肠杆菌，稀粪黄白带血，剖检可见心包、肝、腹膜有纤维性炎，有大量的纤维素。通过分离培养、染色镜检和生化试验确诊。

6. 鸭结核病与禽亚利桑那菌病的鉴别

[**相似点**] 鸭结核病与禽亚利桑那菌病均有传染性，沉郁，减食或废食，羽毛松乱，拉稀。剖检可见肝肿大，有淡黄色斑点（类似结节），气囊有淡黄色干酪样物（类似结节）。

[**不同点**] 禽亚利桑那菌病的病原为亚利桑那菌，低头向一侧旋转如"观星"，步样失调，一侧或两侧结膜炎。剖检可见十二指肠明显充血，盲肠有干酪样物，脑膜血管怒张、充血、出血。病料细菌学检查可见亚利桑那菌。

7. 鸭结核病与禽链球菌病的鉴别

[**相似点**] 鸭结核病与禽链球菌病均有传染性，委顿，减食或废食，羽毛松乱，冠髯苍白，拉稀，消瘦，关节炎，产蛋下降。

[**不同点**] 禽链球菌病的病原为链球菌。嗜眠、昏睡，冠髯有时发紫，慢性轻瘫，跗趾关节炎，足底皮肤坏死。剖检可见败血型皮下、浆膜肌肉水肿，心包、腹腔浆膜有出血性纤维素渗出物。其他脏器均有出血点。病料涂片、染色镜检可见单个或短链排列的球菌。

8. 鸭结核病与禽弯曲杆菌性肝炎的鉴别

[**相似点**] 鸭结核病与禽弯曲杆菌性肝炎均有传染性，病初无明显症状，委顿，冠髯苍白，逐渐消瘦，羽毛松乱，腹泻，产蛋下降。剖检可见肝肿大、呈黄褐色，有灰白色坏死灶（类似结节），脾也有。

[**不同点**] 禽弯曲杆菌性肝炎的病原为禽弯曲杆菌，雏鸭粪先呈黄褐色、再呈面糊状、后水样。剖检可见

亚急性肝肿大 1～2 倍、呈红黄色或黄褐色，肝、脾均有出血点、坏死点。肝隙状窦可见到菌落。用免疫过氧化物染色可见菌体呈棕褐色，培养的菌落镜检可见弯曲杆菌。

9. 鸭结核病与禽巴氏杆菌病（慢性）的鉴别

[相似点] 鸭结核病与禽巴氏杆菌病（慢性）均有传染性，精神不振，食减，冠髯苍白，关节炎，长期拉稀，产蛋下降，病程长（几周）。

[不同点] 禽巴氏杆菌病的病原为巴氏杆菌，慢性多出现在流行后期，急性时口鼻流泡沫黏液，冠髯黑紫水肿有热痛，剧烈腹泻，粪灰黄色或灰绿色。剖检可见皮下组织腹腔脂肪、肠系膜、黏膜、浆膜有出血点，胸腔气囊、肠浆膜有纤维素或干酪样渗出物。慢性鼻腔、气管、支气管卡他性炎性分泌液多，肺实质变硬，病料涂片镜检可见两极着色的短杆菌。

10. 鸭结核病与磺胺类药物中毒的鉴别

[相似点] 鸭结核病与磺胺类药物中毒均有精神委顿，羽毛松乱，冠髯苍白，贫血，腹泻，增重缓慢，产蛋率下降。

[不同点] 磺胺类药物中毒是因为过量服用磺胺类药物中毒后发病，渴欲增加，所产蛋壳变薄并粗糙，蛋壳褪色。剖检可见皮肤、肌肉、皮下、内部器官有出血斑，肠道呈弥漫性出血，肝呈紫红色或黄褐色、表面有出血斑，脾有出血性梗死和灰色结节区，心肌也有刷状出血和灰色结节，脑充血、水肿，骨髓变为淡红色或黄色。

【防制】

1. 预防措施

加强饲养环境的清洁、消毒工作，一旦发现病鸭，应及时焚烧或深埋，同时应将养鸭的用具彻底消毒，鸭舍及运动场的地面应清除粪便，彻底消毒。

2. 发病后的措施

本病无治疗意义。蛋用鸭或产蛋鸭群中出现病鸭应及时处理（焚烧或掩埋），不使小鸭群与之接触。禁止在放养过病鸭或投掷过病死鸡、鸭或内脏的池塘放鸭。养鸭的用具要彻底消毒。鸭舍或运动场地面清除粪便，并用火碱水喷洒消毒，如为泥土地面，则宜铲去一层表土，再更换新土。如果鸭群不断出现结核病鸭，应更新鸭群或淘汰消瘦老鸭。

二十一、鸭伪结核病

伪结核病是由伪结核耶尔辛菌引起的一种慢性接触性传染病，是一种人畜共患病。本病的病原体最早是在1883年由小孩的皮下结核病变中分离出来的，最后定名为伪结核耶尔辛菌。伪结核病分布于世界各国，其易感动物以家兔和豚鼠等啮齿类动物为主，哺乳动物和鸟类也可感染。鸭伪结核病较少发生，刘尚高等（1986）曾报道过在1986年北京郊区某麻鸭群爆发本病，发病率为22.7%，病死率为13.6%；黄瑜等（1997）报道了1996年福建省福州市某番鸭场的一批25日龄的番鸭发生鸭伪结核病，到36日龄时发病率约为45%，病死率达63%；钟细苟等（1999）报道了1997年江西某鸭场发生鸭伪结核病，病死率为11.0%。

【病原】 伪结核耶尔辛菌属于肠杆菌科耶尔辛菌属，与同属的鼠疫耶尔辛菌和小肠结肠炎耶尔辛菌一起并称为病原性耶尔辛菌。该菌是一种兼性厌氧菌，具有低温腐败菌的特点，在普通培养基上容易生长，在普通蛋白胨肉汤中生长良好，在普通琼脂上形成光滑或颗粒状的透明灰黄色奶油状菌落，在血液琼脂、麦康凯琼脂和巧克力琼脂中均可生长。革兰染色阴性，对理化因素的抵抗力较弱，夏季阳光直射、干燥、加热以及各种消毒剂均能在短时间内致死本菌，但冬季有利于伪结核耶尔辛菌的存活，4℃下仍能存活。

【流行病学】 各品种的鸭均可发生伪结核病，幼龄鸭比成年鸭容易感染。强毒力菌株感染后多呈急性败血性经过，病死率高，可达30%～40%，感染较弱毒力的菌株后病程较慢，病死率亦不高。病禽或哺乳动物的排泄物污染土壤、食物或饮水而成为传染源。各种应激因素如受寒、饲养不当、寄生虫侵袭等，可以促进该病的发生和加重病情。本病通过消化道、破损的皮肤或黏膜进入血液引起败血症并在一些器官（如肝、脾、肺或肠道）中产生感染灶、形成结节状，类似于结核样病变。本病多发于寒冷季节，冬季至初春发病最多，秋末次之，夏季则较少见。

【临床症状】 鸭伪结核病的症状变化比较大。最急性的病例通常是以突然出现腹泻和急性败血症为特点，有时可能看不到任何症状而突然死亡，或出现症状后存活几个小时或几天即死亡。在病程稍慢的病例中，病鸭精神沉郁，吃食减少或不吃，羽毛颜色暗淡而松乱。表现为衰弱，两腿发软，行走困难，喜蹲于地面，缩颈，低头。眼半闭或全闭，流泪，呼吸困难。发生下痢，粪便水样，呈绿色或暗红色。后期精神萎靡，嗜睡，便秘，消瘦，极端衰弱和麻痹。慢性病例，初期食欲正常，但在1～2天后食欲废绝。

【病理变化】最急性病例只能见到脾的肿胀和肠炎。亚急性和慢性病例可见到脾和肺的肿大。病鸭的尸体消瘦，泄殖腔周围污染稀粪。泄殖腔松弛，有的外翻。心包积液，呈淡黄红色。心冠脂肪有小点出血，心内膜有出血点或出血斑。肺有出血点或出血斑，切面流出带泡沫的红色液体。肝、脾、肾脏肿大，有小点出血。在肝、脾和肺脏表面有小米粒大小的黄白色坏死灶，或粟粒大小的乳白色结节。胆囊肿大，充满胆汁。气囊增厚、浑浊，表面粗糙，有淡黄色高粱粒大小的干酪样物。通常可见严重的肠炎，肠壁增厚，黏膜严重充血、出血，尤以小肠黏膜最为明显。

【实验室诊断】细菌学检查、琼脂扩散试验、免疫荧光抗体试验、补体结合反应和间接血凝试验等。

【鉴别诊断】

1. 鸭伪结核病与鸭曲霉菌病的鉴别

[相似点] 鸭伪结核病与鸭曲霉菌病均有精神不振，减食或不食，闭目嗜睡，缩颈呆立，羽毛松乱，不愿活动，呼吸困难，下痢，排绿色稀粪，消瘦。剖检可见肺和气囊上有数量不等的灰黄色或乳白色的质地较软的霉菌结节。

[不同点] 鸭曲霉菌病的病原为曲霉菌，咳嗽、喘鸣、呼吸时腹部起伏明显，结节一般仅分布于肺和气囊，偶见于其余脏器，但鸭伪结核病的结节分布于几乎所有内脏；鸭曲霉菌病除结节外无其他明显病变，而鸭伪结核病还表现心、肺、肝、脾和肾脏等的出血变化；鸭曲霉菌病肺结节压片镜检可见曲霉菌丝，气囊支气管病变涂片镜检可见分生孢子柄和孢子。

2. 鸭伪结核病与鸭巴氏杆菌病的鉴别

[相似点] 鸭伪结核病与鸭巴氏杆菌病均有传染性，委顿，低头缩颈，闭目打盹，行走困难，不愿下水，少食或废食，下痢粪绿。剖检可见心包充满液体，心冠脂肪、心内膜有出血点，肠道充血、出血，尤以小肠最为严重，肝有坏死点。

[不同点] 鸭巴氏杆菌病是由多杀性巴氏杆菌引起的急性败血性传染病。多发生于青年鸭和成年鸭，口、鼻流黏液，不时甩头。剖检可见心包积液黄色透明，肠内容物呈污红色。关节内有红色浆液或灰黄色黏稠液。肝脏坏死灶为灰白色针尖大小且数量多。而鸭伪结核病多发生于幼龄鸭，肝脏表面则有小米粒大小的黄白色坏死灶；心血、肝、脾涂片，美蓝或瑞氏染色两极着色。用病料制成1：10悬液接种小鼠、鸽1～2天死亡，采取病料涂片、染色镜检可见到巴氏杆菌。

3. 鸭伪结核病与鸭结核病的鉴别

[相似点] 鸭伪结核病与鸭结核病均有肝、脾和肺有灰白色或灰黄色结节的病理变化。

[不同点] 鸭结核病是由禽分枝杆菌引起的一种慢性

传染病，多发生于老龄鸭，除表现结节外其余无明显病变；鸭伪结核病多发生于幼龄鸭，除表现结节外还表现心、肺、肝、脾和肾脏等的出血变化。

4. 鸭伪结核病与鸭流感的鉴别

[**相似点**]鸭伪结核病与鸭流感均有传染性，委顿，低头缩颈，闭目打盹，行走困难以及心冠脂肪、心肌出血等病理变化。

[**不同点**]鸭流感是由禽流感病毒引起的一种病毒性传染病，其中由 H_5 亚型病毒引起的发病率和病死率很高。可发生于各种日龄的鸭，发病时一般会出现各种神经症状，如扭颈呈 S 状、头顶触地、仰翻、侧卧、横冲直撞、共济失调等。而鸭伪结核病则多发生于幼龄鸭，不表现神经症状。鸭流感除心冠脂肪、心肌出血外，还伴有胰腺出血、表面有大量的针尖大小的白色坏死点或透明样液化灶，心肌表面有白色条纹样坏死等。而鸭伪结核病则伴有肝、脾和肺的灰白色或灰黄色结节。

5. 鸭伪结核病与鸭球虫病的鉴别

[**相似点**]鸭伪结核病与鸭球虫病均有传染性，精神沉郁，减食，缩颈嗜睡，羽毛松乱，下痢，粪暗红色，剖检可见小肠充血、出血。

[**不同点**]鸭球虫病的病原为球虫，排桃红色或暗红色稀粪。剖检可见小肠以卵黄蒂前后严重，红白相间覆有糠麸样或干酪样黏液，肠内容物呈淡红色或鲜红色的黏液或胶冻样，但不形成肠芯。刮取肠黏液涂片镜检可见裂殖体、裂殖子和卵囊。

【防制】

1. 预防措施

鸭伪结核病无特效治疗药物和预防用疫苗，重点应放在预防措施上，由于多数患鸭缺乏明显的临床症状，所以应尽快采用凝集试验或间接血凝试验等血清学方法检出抗体后，迅速淘汰以免感染其他动物，以免该病的扩大传播。

2. 发病后的措施

（1）加强隔离和消毒　隔离发病鸭，并对鸭舍进行严格的消毒。并在养殖场的出入口建立消毒设施，严防因行人、交通工具相互传播。

（2）药物治疗

处方：磺胺-5-甲氧嘧啶，按 0.05%～0.2% 混于饲料或以其钠盐按 0.025%～0.05% 混于饮水，连用 3～4 天，可迅速控制疫情的发展。

二十二、种鸭坏死性肠炎

种鸭坏死性肠炎（鸭肠毒血症或"烂肠病"）是发生于种鸭的一种消化道传染病。其临床特征是体质衰弱，食欲降低，不能站立，常突然死亡，其病变特征是肠道黏膜坏死。本病的发生极为频繁，对养鸭业的损害极大。

【病原】病原是产气荚膜梭菌（魏氏梭菌或产气荚膜杆菌），属梭菌属。依据主要致死性毒素与其抗毒素的中和试验可将此菌分为 A、B、C、D 和 E 共 5 个型。该菌呈直杆状，无鞭毛，不运动，革兰染色阳性。芽孢大而卵圆，位于菌体中央或近端。多数菌株可形成荚膜。芽孢的抵抗力强，在 90℃经 30 分钟或 100℃经 5 分钟死亡，食物中毒型菌株的芽孢可耐煮沸 1～3 小时。

【流行病学】主要发生于种鸭，北京鸭较敏感。粪便、土壤、污染的饲料、垫料或肠内容物均含有产气荚膜梭菌，可能成为传染源。本病通过消化道传染。在一些饲养管理条件不良的情况下，以及在一些应激因素的影响下易诱发本病。含鱼粉或小麦或大麦量高的日粮、高纤维垫料、各种球虫感染等均可促发或加重本病的暴发。多发于潮湿温暖的季节，发病率不高，病死率一般为 1%左右，但也可能高达 40%。

【临床症状】蛋鸭群患病后，产蛋急剧下降。病鸭精神沉郁，不能站立，常被公鸭踩蹭伤害。常见头部、背部与翅羽毛脱落。食欲减退甚至废绝，腹泻，排粪量减少。往往迅速消瘦，呈急性死亡。有的病例出现肢体痉挛，头颈弯斜，两腿外撇，并伴有呼吸困难，口腔流出混有食糜的黏液。

【病理变化】主要病变在空肠和回肠段，肠管退色和肿胀，严重者可见整个空肠和回肠充满血样液体，有散在的枣核状溃疡灶，十二指肠黏膜出血。疾病后期肠内充满恶臭气体，空肠和回肠黏膜增厚，其表面附着一层黄绿色伪膜（纤维素性渗出物和坏死的肠黏膜），肠内容物混有血液。个别病例气管有黏液，喉头出血。另在母鸭的输卵管中，常见有干酪样物质堆积。肝脏肿大呈浅土黄色，肝脏表面有大小不一的黄白色坏死斑点。脾脏肿大呈紫黑色。可见嗉囊充盈，肌胃中充满食物。

【实验室诊断】当分离到毒力较强的菌株或病鸭每克

125

肠内容物产气荚膜梭菌有 $10^7 \sim 10^8$ 个菌落形成单位（正常鸭只有 $10^2 \sim 10^4$ 个菌落形成单位）时有一定的参考意义。另一有参考价值的诊断方法为肠内容物毒素检查。

【鉴别诊断】

1. **鸭坏死性肠炎与鸭球虫病的鉴别**

［相似点］鸭坏死性肠炎与鸭球虫病有相似的病理变化。

［不同点］鸭球虫病是由鸭球虫引起的鸭高发病率、高病死率的一种寄生虫病。通过采取肠道粪便涂片检查有无球虫进行区别。各种年龄的鸭均对球虫有易感性，雏鸭发病严重，成年鸭的感染率较低，而坏死性肠炎则主要发生于种鸭。

2. **鸭坏死性肠炎与鸭瘟的鉴别**

［相似点］鸭坏死性肠炎与鸭瘟均有肠黏膜充血、出血的病理变化。

［不同点］鸭瘟是鸭瘟病毒引起的一种高病死率的急性传染病。鸭瘟的肠道病变多在十二指肠和直肠，而种鸭坏死性肠炎的肠道病变则多集中于空肠和回肠；鸭瘟病鸭的食道黏膜有黄褐色坏死假膜或溃疡，种鸭坏死性肠炎病鸭没有这种变化。

3. **鸭坏死性肠炎与鸭出血症的鉴别**

［相似点］鸭坏死性肠炎与鸭出血症均有小肠和直肠明显出血的病理变化。

［不同点］鸭出血症是一种由新型疱疹病毒（鸭疱疹病毒Ⅱ型）引起的可侵害各品种鸭、各日龄鸭的传染病，多发于 $10 \sim 55$ 日龄的鸭群。除肠道出血外，肝脏、脾

脏、胰腺和肾脏均有不同程度的出血。而鸭坏死性肠炎除肠道出血外还伴有肠黏膜增厚，附着一层黄绿色伪膜，肠内容物混有血液。坏死性肠炎发生于种鸭，而出血症可侵害不同日龄的鸭。

【防制】

1. 预防措施

（1）疫苗免疫接种　适时进行疫苗接种，鉴于此病易发生在夏秋季，应在春季进行肠毒血清免疫。

（2）加强饲养管理　适当调节日粮的蛋白水平，从日粮中去掉鱼粉可预防本病的感染，以玉米为基础的日粮亦可预防坏死性肠炎的发生。此外，酶制剂、益生素等也都可以对此病起到一定的预防作用；改善环境卫生，定期清除粪便，同时用两种以上的消毒剂经常交叉用药消毒，夏秋适当增加消毒数量和消毒次数；圈养蛋鸭尽可能采取高架隔式饲养方法，并保持一定的温度与湿度，切忌湿度过大，应保证良好的通风条件。老鸭舍或低洼的鸭舍应及时调整场舍位置。发现病鸭及时隔离治疗。

2. 发病后的措施

隔离病鸭，及时治疗，并经常交叉使用两种以上的消毒剂消毒。通过药敏试验选择高敏药物饮水用药，特别严重时可以肌内注射，同时适当补充电解质及口服补液盐。常用的抗生素有泰乐菌素、青霉素、弗吉尼亚霉素、氨苄西林、杆菌肽、林可霉素和土霉素等。

二十三、鸭曲霉菌病

本病又称为曲霉菌肺炎，是由真菌中的曲霉菌引起的，主要侵害呼吸器官的急性传染病。本病常在雏鸭中暴发，发病率和死亡率均较高。成年鸭多为散发。

【病原】病原以烟曲霉的致病力最强，其他的还有黑曲霉、黄曲霉等。曲霉菌广泛存在，尤其是其产生的孢子广泛分布于自然界，对外界环境有较强的抵抗力，只要在温暖潮湿的环境下就能很快繁殖，产生大量的孢子散布在环境中，进入机体后能产生毒力很强的毒素，使肺产生病变，对血液、神经组织都有损害作用。

【流行病学】各种禽类均对本病有易感性，特别是幼龄禽更易感染。鸭以 20 日龄内的雏鸭的易感性高；其中 4～12 日龄的雏鸭的发病率最高，病死率可达 50% 以上；成年鸭发病较少。本病主要经呼吸道和消化道感染。被曲霉菌污染的垫料和发霉的饲料是本病主要的传染源；此外，本病亦可经被污染的孵化器传播。因此，饲养管理不善、饲料霉变、卫生条件不良及通风不良、饲养密度过大等均是本病暴发的诱因。

【临床症状】本病的潜伏期为 2～10 天，急性病例发病后 2～3 天内死亡。主要发生于雏鸭，病鸭的精神食欲均减少，缩颈呆立，眼半闭，羽毛粗乱，特征性症状为呼吸困难，张口呼吸，咳嗽，有时有"沙哑"或"呼哧声"的喘鸣音。口腔和鼻腔常流出浆液性分泌物，迅速消瘦而死亡。有的侵害脑部引起神经症状，痉挛抽搐而死。如污染种蛋可造成大批死胚。成年鸭发病时多呈慢性经过，病死率较低。主要表现为生长缓慢，发育不良，羽毛松乱无光泽，病鸭不愿走动，逐渐消瘦而死亡。产蛋鸭感染本病则表现为产蛋量减少或停产，病程延至数周。

【病理变化】肺组织中散布有粟粒大至豆粒大的灰白色或黄白色结节，结节柔软有弹性，切开见有层次结构，中心为干酪样坏死组织；有的气管内也有黄白色结节；气囊膜形成点状，大小、数量不一，严重者整个气囊壁增厚，气囊内含有灰白色或黄白色炎性渗出物，后形成干酪样物；肝、肾、心等脏器以及胸腔、腹腔浆膜上也有灰白色结节或病斑。

【实验室诊断】病原分离鉴定等。

【鉴别诊断】

1. 鸭曲霉菌病与鸭结核病的鉴别

［相似点］鸭的曲霉菌病与鸭结核病均有精神委顿、食欲缺乏和呼吸困难等临床表现及肝、脾和肺有灰白色或灰黄色结节的病理变化。

［不同点］鸭结核病是由禽分枝杆菌引起的一种慢性传染病，多发生于老龄鸭，结节分布于几乎所有内脏；曲霉菌病多发生于幼龄鸭，结节一般仅分布于肺和气囊，偶见于其余脏器。

2. 鸭曲霉菌病与鸭伪结核病的鉴别

［相似点］鸭的曲霉菌病与鸭伪结核病均有精神委顿、食欲缺乏和呼吸困难等临床表现和肝、脾和肺有灰白色或灰黄色结节的病理变化。

［不同点］鸭伪结核病是由伪结核耶尔辛菌引起的一种慢性接触性传染病，多发生于幼龄鸭，结节分布于几乎所有内脏，除表现结节外还表现心、肺、肝、脾和肾脏等的出血变化；鸭曲霉菌病的结节一般仅分布于肺和

气囊，偶见于其余脏器，无其他明显病变。

【防制】

1. 预防措施

不用发霉的垫料、不喂发霉的饲料；保持鸭舍的通风、干燥和清洁。

2. 发病后的措施

如发现病鸭，应立即更换垫料，用立可灵 1：50 倍进行舍内消毒。药物治疗。

处方 1：制霉菌素，可按 5000～8000 单位/只雏鸭和 2～4 万单位/只成鸭口服，每日 2 次，连用 3～5 天。

处方 2：克霉唑，按 0.01 克/只雏鸭混料，饮水中加 0.05%硫酸铜，连用 3～5 天，也有一定的疗效。

处方 3：金银花、连翘、炒莱菔子各 30 克，丹皮、黄芩各 15 克，柴胡、知母各 18 克，桑白皮、枇杷叶、生甘草各 12 克，煎汤取汁 1000 毫升，供 400 羽鸭使用，每天 4 次拌料喂服；重症鸭灌服 0.5 毫升，每天 1 剂，连用 4 剂。

处方 4：桔梗 250 克，蒲公英、鱼腥草、苏叶各 500 克，供 1000 羽鸭使用，煎汤取汁拌料喂服，每天 2 次，连用 1 周。另在水中加 0.1%高锰酸钾。

处方 5：鱼腥草、水灯芯、金银花、薄荷叶、枇杷叶、车前草、桑叶各 100 克，明矾 30 克，甘草 60 克，煎水喂 100～200 羽鸭，每天 2 次，连用 3 天。

二十四、鸭衣原体病

衣原体病（鹦鹉热或鸟疫），是由鹦鹉热亲衣原体引起的一种接触传染性疾病，也是畜禽和人类共患的传染病。本病可以通过呼吸道传染给人，使人发生一种类似流感样的传染病，如发高烧、流鼻液和流泪等，养鸭者应注意防范。

【病原】病原为鹦鹉热亲衣原体，属衣原体目衣原体科亲衣原体属，旧称鹦鹉热衣原体。是一类具有滤过性、严格细胞内寄生，并经独特发育周期以二等分裂繁殖和形成包涵体的革兰阴性原核细胞型微生物，介于立克次体与病毒之间。该病的对热、脂溶剂和去污剂以及常用的消毒剂均十分敏感。但对煤酚类化合物及石炭酸等一般较能抵抗。

【流行病学】鸭的衣原体的毒力一般较低，在禽类衣原体中属低毒力株，很少造成暴发，常呈无症状感染，但饲养管理不良或有其他感染并发时易造成流行。不同年龄的鸭对本病的易感性不同，一般幼龄鸭较成年鸭易感。衣原体传染给鸭和在鸭之间的传播主要是通过空气途径经呼吸道而感染的，也可垂直传播。

【临床症状】病初表现为眼结膜潮红，流泪，眼周围的羽毛潮湿，粪便呈黄绿色，水样腹泻，气味恶臭。接着，病鸭眼睑肿胀，眼部分泌物由水样转为黏稠状，甚至出现脓性分泌物，有的病鸭鼻部也有脓性分泌物。眼周围的羽毛粘连，有的病鸭眼睑被脓性分泌物粘连而闭合。扒开眼睑，可见眼结膜发生严重的炎性水肿，眼球被淡灰色的分泌物所覆盖。病鸭常因失明而无法觅食，十分瘦弱。

【病理变化】眼结膜发炎，病程长者眼球萎缩。肌胃角质层及内容物呈绿色，肠壁稍增厚，肝脏稍肿大，病程长者明显肿大，微黄，肝周发炎。脾脏缩小，病程长的则稍肿大。全身性浆膜炎如心包炎、肝周炎及气囊炎等。病程长的还可见到胸肌萎缩。

【实验室诊断】病原的分离鉴定、间接补体结合试验、琼脂扩散及 ELISA 等。

【鉴别诊断】

1. 鸭衣原体病与鸭瘟的鉴别

[相似点] 鸭衣原体病与鸭瘟均有传染性，精神不振，离群独处，步态不稳，瘫痪，结膜炎，眼流浆性分泌物，鼻流浆性、黏性分泌物，呼吸困难，腹泻、排绿色稀粪。剖检可见肝棕黄色。

[不同点] 鸭瘟是由鸭瘟病毒引起的一种急性传染病，病鸭表现眼有脓性分泌物，重时眼睑粘连。头部肿大，下颌水肿（俗名大头瘟），倒提从口中流出污褐色液体，检出舌可见黏膜出血点。拉稀，初灰白色后变灰绿色甚至绿色，有的呈褐色，有特异气味。后期体温下降，呼吸困难，叫声嘶哑，角膜浑浊。剖检病鸭，拔去羽毛可见全身皮肤均有出血点，尤以头颈多见。鼻腔充满污秽分泌物，口腔、食道有伪膜，剥掉有出血点。腺胃黏膜有出血斑，肌胃有坏死带，整个肠道黏膜充血、出血（十二指肠及直肠最严重），肠内充满黄褐色或灰绿色内容物，小肠有四个定位环状带（从浆膜表面即可见到）。泄殖腔黏膜充血、水肿并有坏死点。肝、脾有出血点、坏死点，脑膜充血。用间接凝血试验（RPHA）可快速检出。鸭衣原体病病鸭粪便呈黄绿色水样，气味恶臭，不表现神经症状。剖检有肝周炎、心包炎和气囊炎。

2. 鸭衣原体病与鸭疫里氏杆菌病的鉴别

［相似点］鸭传染性浆膜炎与鸭衣原体病不同年龄的鸭均可感染，均有眼部有分泌物及心包炎、肝周炎和气囊炎等病理变化。

［不同点］鸭疫里氏杆菌病是由鸭疫里氏杆菌引起的一种传染病，各品种、性别、日龄的鸭均可感染，主要侵害2～3周龄的雏鸭。病鸭常排白色黏稠样粪便。病鸭表现头颈震颤、歪斜等神经症状。而鸭衣原体病病鸭粪便呈黄绿色水样，气味恶臭，不表现神经症状。用肝脏接种巧克力琼脂，鸭疫里氏杆菌能生长而鸭衣原体不能生长。

3. 鸭衣原体病与鸭大肠杆菌性败血症的鉴别

［相似点］鸭衣原体病与鸭大肠杆菌败血症均有心包炎、肝周炎和气囊炎等病理变化。

［不同点］鸭大肠杆菌病败血症是由埃希氏大肠杆菌的某些致病性血清型菌株引起的。多数病鸭表现头部震颤，排绿白色粪便，肛门周围被粪便沾污，有轻度的咳嗽，呼吸困难，剖检脾脏有肿大，易碎。脑膜、脑实质充血、出血。而鸭衣原体病病鸭粪便呈黄绿色水样，气味恶臭。病鸭眼结膜发炎，病程长者眼球萎缩（大肠杆菌病病鸭眼结膜常无病变）。用肝脏接种麦康凯平板，鸭衣原体不能生长而大肠杆菌能长出亮红色菌落。

4. 鸭衣原体病与鸭巴氏杆菌病的鉴别

［相似点］鸭衣原体病与鸭巴氏杆菌病均有传染性，精神不振，不随群活动，鼻流黏液，下痢排绿色稀粪。有时有关节炎，不能走动。剖检病鸭，心冠脂肪、心内膜、心肌有出血点。

[**不同点**] 鸭巴氏杆菌病（鸭霍乱或鸭出血性败血症）是引起鸭大量发病和死亡的一种接触性、急性败血性传染病。病鸭停止鸣叫，不愿下水，常甩头。稀粪灰白色或绿色腥臭。病鸭剖检，肠（尤以十二指肠）充血出血，肠内容物红色。病料涂片染色镜检可见两极着色的卵圆形短杆菌。而衣原体病鸭粪便呈黄绿色，水样腹泻，气味恶臭，有眼部病变。用肝脏接种巧克力琼脂，鸭巴氏杆菌能生长而鸭衣原体不能生长。

5. 鸭衣原体病与鸭的沙门菌病的鉴别

[**相似点**] 鸭衣原体病与鸭的沙门菌病均有心包炎的病理变化。

[**不同点**] 鸭的沙门菌病（鸭副伤寒）是由沙门菌属的细菌引起的鸭的急性或慢性传染病，雏鸭感染时常发生大批死亡，成年鸭为带菌者。病鸭常排绿色或浅绿色水样粪便或黑褐色糊状粪便。常以病鸭肝脏呈古铜色、表面有灰白色小坏死点及盲肠肿胀、内有干酪样物质形成的栓子为特征。而鸭衣原体病鸭粪便呈黄绿色水样，气味恶臭，病理变化中除表现的心包炎外，还表现肝周炎和气囊炎。用肝脏接种麦康凯平板，鸭沙门菌能长出白色菌落而鸭衣原体不能生长。

6. 鸭衣原体病与溃疡性肠炎的鉴别

[**相似点**] 鸭衣原体病与溃疡性肠炎均有传染性，有减食或不食，羽毛粗乱，眼半闭，下痢、粪绿色，消瘦等临床表现以及肝、脾有白色坏死点的病理变化。

[**不同点**] 溃疡性肠炎的病原为肠道梭菌，稀粪黄绿色或粉红色并有黏液、具有特殊恶臭。剖检可见肝肿大、

呈砖红色或紫褐色，表面有粟至豆大的灰白或黄色或色泽不一的坏死灶，脾紫褐色、淤血或出血。十二指肠肥厚发黑，有时附有麸状坏死物。盲肠黏膜有粟大突起，中心有溃疡。

【防制】

1. 预防措施

鸟类是鹦鹉热亲衣原体的携带者，因此鸭场内严禁养鸟。防止饲料、饮水被鹦鹉热亲衣原体污染。为防止继发其他疾病，平时应搞好鸭场的消毒工作。应避免与其他鸟类及其排泄物接触，以控制一切可能的传染来源。新引进的鸭必须隔离观察，经确认无病才可合群饲养。由于人类也能感染本病，所以饲养人员和兽医人员必须注意个人防护和防止污染周围的环境。目前该病还没有疫苗用于预防。

2. 发病后的措施

隔离病鸭，病死鸭要深埋或焚烧。及时清理粪便，地面勤洗刷消毒。每天用 0.2% 过氧乙酸带鸭消毒 1 次，保持鸭舍的清洁卫生，通风透气。药物治疗。

处方 1：金霉素，按 1% 的比例拌料饲喂，连用 30～45 天，本药不宜饮水和注射。

处方 2：强力霉素，按每千克体重 75～100 毫克胸部肌内注射，在 45 天内注射 8～10 次可发挥作用（或每千克体重 8～25 毫克口服，每天 2 次，连用 30～45 天。重病可按每千克体重 10～100 毫克静脉注射 1～2 次，然后再予以口服剂量治疗）。

处方 3：四环素，按每千克饲料 0.2～0.4 克混饲，连续饲喂 1～3 周。

另外还可选择泰乐菌素、青霉素、红霉素、多黏菌素 B 等对病鸭进行注射或按一定比例拌料，全群喂服。

二十五、鸭霉形体病

鸭霉形体病（鸭传染性窦炎或鸭慢性呼吸道病）是主要由鸭支原体引起的以慢性呼吸道疾病为特征的疾病。该病广泛发生于世界各地的养鸭区，但该病的危害较小，未能引起养鸭者的重视。

【病原】在国内已经鉴定证实的禽源支原体中有鸡毒支原体、滑液支原体、鸡支原体、雏鸡支原体、禽支原体、依阿华支原体和鸭支原体 7 个种。引起鸭霉形体病的病原主要是鸭支原体，属霉形体属。支原体对营养的要求较高，且生长缓慢，2～6 天才长出必须用低倍显微镜才能观察到的微小菌落。支原体对理化因素敏感，一般加热 45℃ 15～30 分钟或 55℃ 5～15 分钟即被杀死，对常用浓度的重金属盐类、石炭酸、来苏儿等消毒剂均比细菌敏感，对表面活性物质洋地黄苷敏感，易为脂溶剂乙醚、氯仿所裂解。但对醋酸铊、结晶紫、亚硝酸钾等有较强的抵抗力。

【流行病学】本病可以发生于各种日龄的鸭，但以 2～3 周龄者多发。病鸭和带菌鸭是危险的传染源，鸭舍的不良环境是构成本病发生和传播的重要应激因素。本病可以通过被污染的空气经呼吸道传染，也可经过带菌的种蛋垂直传染。发病率可能高达 80% 以上。病死率不高，主要为慢性经过。本病的流行无明显的季节性。

【临床症状】一侧或两侧眶下窦肿胀，形成隆起的鼓包。发病初期触摸柔软，有波动感，窦内充满浆液性渗出物，随着病程的发展逐步形成浆液性、黏液性及脓性渗出物，病后期形成干酪样物。鼓包变硬，渗出物明显减少。病鸭鼻腔亦有分泌物，鸭有时有甩头症状，有些鸭眼内也常充满分泌物，少数病鸭眼睛失明，病鸭常可自愈，多不死亡，但精神不佳，生长缓慢，商品鸭的品质下降，产蛋率减少。

【病理变化】主要出现在呼吸道，呼吸道的变化轻重不一。较轻微的变化不易观察，鼻孔、鼻窦、气管和肺中出现较多的黏性液体或卡他性分泌物。严重病例可见眶下窦肿胀，其内充满透明或浑浊的浆液、黏液或有干酪样物蓄积，窦黏膜充血增厚。气囊浑浊，水肿，增厚。眼和鼻腔有分泌物。

【实验室诊断】鸭支原体的分离、动物接种试验及血清学检验。将0.025毫升血清和等量抗原（着色）在玻片（白色瓷板或下面垫有白色玻板）上用牙签快速混合，将玻板轻微转动，观察如出现背景清亮明显的凝集颗粒，则为阳性反应，否则为阴性反应。还有试管凝集反应、血凝抑制反应和酶联免疫吸附检测来诊断本病。

【鉴别诊断】

1. 鸭霉形体病与鸭瘟的鉴别

［相似点］鸭霉形体病与鸭瘟均有传染性，食减，眼结膜充血、流泪，鼻流浆性、黏性分泌物。

［不同点］鸭瘟的病原为鸭瘟病毒，各种年龄均可发生。两脚麻痹，踏伏不愿走动，头部、下颌肿大，眼粘连、口流污褐色液体，拉稀粪、初白色后变灰绿色或绿色、有特异臭味，病程3～7天。拔去羽毛可见全身皮肤

均有出血斑，剖检可见皮下组织胶样浸润，肝质脆、呈棕黄色，脾肿大、呈褐色，均有坏死点，胆囊黏膜充血、有小溃疡，口腔、腺胃、肌胃角质膜下和肠道均有出血。用反相间接血凝试验（RPHA）对鸭的检出率可达80%～100%。鸭霉形体病5～15日龄的雏鸭多发，喷嚏，流鼻液，初浆性后黏脓性，眶下窦一侧或两侧肿胀、初软后硬、呈圆形或卵圆形，因爪抓而脱毛。呼吸快，食减，剖检可见鼻腔、眶下窦充满白色黏稠液或干酪样物，黏膜充血、坏死，气囊浑浊增厚。内脏一般无变化。

2. 鸭霉形体病与鸭传染性浆膜炎的鉴别

［相似点］鸭霉形体病与鸭传染性浆膜炎均有传染性，2周龄左右最易感染发病，眼、鼻流分泌物，少食或废食，耐过后生长缓慢。

［不同点］鸭传染性浆膜炎的病原为鸭疫里氏杆菌。嗜睡，腿无力，共济失调，排绿色或黄绿色稀粪。亚急性摇头摆尾，前仰后翻，仰卧不能翻转，转圈或倒退。剖检可见心包、肝、气囊均有纤维素分泌物。取病料涂片，用特异荧光抗体染色镜检，鸭疫里氏杆菌呈黄绿色环状结构。鸭霉形体病病鸭喷嚏，流鼻液，初浆性后黏脓性，眶下窦一侧或两侧肿胀、初软后硬、呈圆形或卵圆形，因爪抓而脱毛。呼吸快，食减，剖检可见鼻腔、眶下窦充满白色黏稠液或干酪样物，黏膜充血、坏死，气囊浑浊增厚。内脏一般无变化。

【防制】

1. 预防措施

① 采用"全进全出"的饲养制度，空舍后彻底消毒。

②注意改善饲养管理环境，特别是鸭舍的通风、保温、防湿、适宜的饲养密度以及卫生消毒等。

③禁止从感染鸭支原体的鸭场购进鸭苗或种蛋。对可能被鸭支原体感染的种蛋，应进行药物处理，将孵化前的种蛋加温到37℃而后立即放入4～5℃的抑制霉形体的抗生素［四环素、链霉素、泰妙菌素（支原净）、红霉素等］溶液中15～20分钟，然后沥干水分再入孵，或应用45℃的恒温处理种蛋14小时，而后转入正常孵化。对可能被鸭支原体感染的种鸭群应定期进行检疫，淘汰阳性鸭。

④对刚出壳的雏鸭要进行药物预防。可选择普杀平、福乐星、红霉素、洁霉素等进行饮水，连用5～7天。

2. 发病后的措施

处方：①泰妙菌素，每袋100克加水100千克，每天饮1次，连饮7天为1个疗程。②饲料中添加草药荆防败毒散，每袋1000克拌料500千克，连喂5天为1个疗程。

另外还可选用氟哌酸、强力霉素、利高霉素、泰妙菌素（支原净）、禽喘灵和新霉素等。为了防止形成抗药性，用药量要足，一般连续用药3～7天。最好选用2～3种抗生素联合使用或交替使用，在同一鸭场中，种鸭和后代雏鸭应使用不同的抗生素，以免长期使用一种抗生素而形成抗药性。

二十六、雏鸭念珠菌病

禽念珠菌病（鸭口疮）是由白色念珠菌所引起的一种霉菌性传染病。雏鸭感染念珠菌时主要表现上消化道黏膜发生白色的假膜和溃疡。

【病原】白色念珠菌是半知菌纲念珠菌属中的一种，它在自然界中广泛存在，在健康的畜禽及人的口腔、上呼吸道和肠道等处寄居。

【流行病学】本病主要通过消化道感染，也可通过蛋壳感染。不良的卫生条件和使机体抵抗力减弱的因素都可诱发本病，或发生继发感染，过多地使用抗菌药物，容易引起消化道正常菌群的紊乱，也是诱发本病的一个重要因素。

【临床症状】病鸭一般表现精神沉郁，羽毛粗乱，渴感强，饮水增多，嗉囊有明显的触痛感，嗉囊积液，食欲下降或废绝，不愿移动，扎堆现象明显。病鸭呼吸急促，频频伸颈张口，呈喘气状，时而发出咕噜声，叫声嘶哑，腹泻，拉绿白混杂的稀粪。死前抽搐。倒提病鸭，可见有酸臭液体从部分鸭口中流出。

【病理变化】剖检病、死鸭，可在食道与嗉囊壁均见干酪样假膜和溃疡。嗉囊皱褶变粗。在食管与气管及肠系膜结缔组织被膜有黑红色或黄褐色的干酪样渗出物。肌胃角质层下见出血斑，肠黏膜炎性出血，肠壁及泄殖腔变薄，泄殖腔弹性消失，炎性出血，膨大积粪便。心肌肥大，肝紫褐色且肿胀、有出血斑，肺部右侧见坏死灶及干酪样物，肾脏肿大、坏死。脑水肿。

【实验室诊断】取病变刮取物接种于沙堡琼脂平板上，37℃恒温培养24小时，长出圆形、光滑、隆起的乳白色菌落，略带酒糟气味。培养48小时，菌落变成奶浊色，继续培养菌落出现蜂窝状。镜检可清晰见到大量的厚膜性孢子，形成假菌丝，菌丝体宽为 1.5～5 皮米、长为 40～500 皮米，孢子直径为 2.5～5 皮米。病原鉴定为白色念珠菌。

【鉴别诊断】

1. 鸭念珠菌病与鸭瘟的鉴别

[相似点] 鸭念珠菌病与鸭瘟均可见到口腔或食道黏膜有坏死性假膜和溃疡。

[不同点] 鸭瘟（鸭病毒性肠炎）是由鸭瘟病毒引起的一种高死亡率、急性败血性传染病。自然流行时多见于成年鸭，头颈肿大、高热、流泪、下痢、粪便呈灰绿色，两腿麻痹无力。俗称"大头瘟"。还可见泄殖腔黏膜出血或坏死、肝脏有不规则的大小不等的坏死点和出血点。鸭念珠菌病多发生于雏鸭，伴有气囊的炎性变化。

2. 鸭念珠菌病与禽线虫病的鉴别

[相似点] 鸭念珠菌病与禽线虫病（台湾鸟蛇线虫、四川鸟蛇线虫）均有传染性，雏鸭多病，呼吸困难，叫声嘶哑。

[不同点] 禽线虫病的病原为线虫，直接在水中感染或吃了中间宿主剑水蚤而感染。颌下、腿部皮下有结节或瘤状物，皮肤破裂后幼虫逸出，挑破结节即可见到线虫。

【防制】

1. 预防措施

鸭场应加强饲养管理，搞好鸭舍和饮水的卫生，做好消毒与防病工作。减少应激因素，提高其抗病能力。特别应防止垫草、饲料霉变，不用发霉变质的饲料，不长期使用抗菌药物。

2. 发病后的措施

发病后，立即隔离病鸭，清除鸭舍不洁垫料、积粪及霉变饲料。保持鸭舍通风。药物治疗。

处方：发病鸭群饮用 0.25%～0.5%硫酸铜溶液，每天 2 次，连用 1 周。给病鸭按每千克饲料加入 80 毫克制霉菌素，连用 2 周。其他未见明显发病的鸭按每千克饲料加入 40 毫克制霉菌素予以预防。对于不采食的病鸭要人工喂水、喂料，对其口腔溃疡部位用碘甘油或 5%甲紫涂擦，嗉囊内灌入适量的 2%硼酸溶液。

第二章　鸭寄生虫病的类症鉴别诊断及防治

一、鸭球虫病

鸭球虫病是由艾美耳属和泰泽属的各种球虫寄生于鸭的肠道引起的疾病。本病分布很广，是条件简陋的鸭场的一种常见病、多发病，常呈地方流行，给养鸭业带来很大的威胁。

【病原及生活史】鸭球虫病据记载约有 18 种之多，其中有 2 个种寄生于肾小管上皮细胞内，其余 16 个种寄生于肠道黏膜上皮细胞内。鸭球虫属孢虫纲，球虫目，艾美耳科。危害我国家鸭的主要致病虫有如下两种。

毁灭泰泽球虫寄生于小肠黏膜上皮细胞内，严重时盲肠和直肠有虫寄生，致病力强。卵囊小，短椭圆形，浅绿色，无卵膜，初排出的卵囊内充满含粗颗粒的合子，无空隙。

菲莱氏温扬球虫寄生于小肠黏膜上皮细胞内，主要在回肠段，盲肠和直肠也有虫寄生。卵囊大，卵圆形，浅淡蓝色，初排出的卵囊内被合子充满，无空隙，有卵膜孔，每个孢子囊内含 4 个子孢子。

它们属直接发育型，无需中间宿主，发育需经 3 个阶段：孢子生殖阶段——在外界完成，又称外生发育；裂殖生殖阶段——在小肠上皮细胞内以复分裂法进行繁殖，毁灭泰泽球虫有两代裂殖生殖；配子生殖阶段——由上述中最后一代裂殖子分化形成大配子，大、小配子结合为合子，合子外周形成囊壁就成为卵囊。

【流行病学】鸭球虫病的传播主要是通过被病鸭或带虫鸭粪便污染的饲料、饮水、土壤或用具等，饲养管理人员也可能成为该病的机械性传播者。鸭球虫具有明显的宿主特异性，它只能感染鸭。同样的，其他禽类的球虫也不能感染鸭。各种年龄的鸭对本病均易感，尤以 1 月龄左右的雏鸭最易感，且死亡率也高，耐过的鸭往往生长受阻，发育不良。鸭球虫病的发病与季节有密切的关系，一般多见于 7～10 月发病。

【临床症状】急性鸭球虫病多发生于 2～3 周龄的雏鸭，于感染后第 4 天出现精神委顿、缩颈、不食、喜卧、渴欲增加等症状；病初拉稀，随后排暗红色或深紫色血便，发病当天或第二、三天发生急性死亡。耐过的病鸭逐渐恢复食欲，死亡停止，但生长受阻，增重缓慢。慢性型一般不显症状，偶见有拉稀，常成为球虫携带者和传染源。

【病理变化】毁灭泰泽球虫感染时，小肠肿胀出血，十二指肠有出血点或出血斑（卵黄蒂前 3～24 厘米、后 7～9 厘米尤其明显），有的红白相间，有的覆有糠麸样或奶酪样黏液，肠内容物为淡红色或鲜红色的黏液或胶冻样，但不形成肠芯。菲莱氏温扬球虫的病变部位从卵黄蒂段到回肠，且限于绒毛顶端，多为卡他性炎。

【实验室诊断】用水洗去肠病变部血液、黏液，刮取少量黏液加1～2滴生理盐水并充分调匀后加盖玻片，用高倍显微镜镜检，如见有大量球形的像剥了皮的橘子似的裂殖体、香蕉形或月牙形的裂殖子和卵囊即可确诊。或取少量肠黏膜做成薄的涂片，滴加甲醇液，待甲醇液挥发后，用瑞氏或姬氏染色1～2小时，然后置高倍显微镜下镜检，可见有大量的裂殖体、裂殖子、大小配子、合子或卵囊。

【鉴别诊断】

1. 鸭的球虫病与鸭瘟的鉴别

［相似点］鸭的球虫病与鸭瘟均有传染性，沉郁、呆立，羽毛松乱，减食、渴欲增加，拉稀，剖检肠有充血、出血。

［不同点］鸭瘟是鸭瘟病毒引起的一种高病死率的急性传染病。常发生于5～7日龄的雏鸭，多流行于春夏和秋天的购销旺季。两腿麻痹，行动迟缓困难。眼结膜充血，流泪，鼻流浆性、黏性分泌物，倒提从口流出褐色液体，头部、下颌、眼睑肿大（大头瘟），稀粪初灰白色后灰绿色、绿色或褐色，有特异臭味。呼吸困难，叫声嘶哑，拔去羽毛时可见皮肤出血。而鸭的球虫病多发生于高温高湿季节，病初拉稀，随后排暗红色或深紫色血便，有时见黄色腥臭黏液。鸭瘟剖检病鸭，皮下胶样浸润，肝呈棕黄色、有出血坏死点，胆囊黏膜

有溃疡，口腔、食道、腺胃、肌胃角质层下、整个肠黏膜、肾、卵巢、法氏囊均充血、出血，食道黏膜和泄殖腔黏膜有黄褐色坏死假膜或溃疡，鸭球虫病则没有这一变化；鸭球虫病的剖检可见小肠肿胀、有出血斑、出血点或红白相间，有的有糠麸样或干酪样黏液，肠内容物有淡红色、鲜红色的黏液或胶冻样，不形成肠芯，而鸭瘟无这一变化；鸭瘟用微量固相放射免疫试验，检出率为 $80\%\sim100\%$。

2. 鸭的球虫病与鸭出血症的鉴别

[**相似点**] 鸭的球虫病与鸭出血症均有传染性，沉郁、呆立、羽毛松乱、减食，剖检小肠和直肠明显出血。

[**不同点**] 鸭出血症是一种由新型疱疹病毒（疱疹病毒Ⅱ型）引起的可侵害各品种鸭、各日龄鸭的传染病，病鸭粪便无特征性变化，以双翅羽毛管内出血或淤血，外观呈紫黑色为特征，而鸭球虫病多发生于 20～40 日龄的鸭，以排暗红色或桃红色稀粪为特征；鸭出血症除肠道出血外，肝脏、脾脏、胰腺和肾脏均有不同程度的出血，而鸭的球虫病肠道常伴有淡红色或深红色胶冻样血性黏液；鸭出血症用药治疗无效，鸭球虫病可用抗球虫药治疗，且效果不错。

3. 鸭的球虫病与种鸭坏死性肠炎的鉴别

[**相似点**] 鸭的球虫病与种鸭坏死性肠炎均可引起肠道病变。

[**不同点**] 鸭坏死性肠炎是由产气荚膜梭菌引起的一种消化道传染病，主要发生于种鸭，采取肠道粪便涂片检查不见虫体；鸭的球虫病各种年龄的鸭均对球虫有易

感性，雏鸭发病严重，成年鸭的感染率较低，通过采取肠道粪便涂片检查可见有大量的裂殖体、裂殖子、大小配子、合子或卵囊。

4. 鸭的球虫病与雏番鸭细小病毒病的鉴别

［相似点］鸭的球虫病与雏番鸭细小病毒病均有传染性，委顿，羽毛松乱，离群呆立，厌食拉稀，剖检可见肠黏膜尤其是十二指肠充血、出血。

［不同点］雏番鸭细小病毒病的病原为番鸭细小病毒。多见于3周龄以内的番鸭，翅下垂，尾向下弯，稀粪灰白色或淡绿色。剖检可见心壁松弛、外形变圆，胰腺肿大、表面有针尖大的坏死灶。用胶乳凝集反应出现凝集块。

5. 鸭的球虫病与鸭传染性浆膜炎的鉴别

［相似点］鸭的球虫病与鸭传染性浆膜炎均有传染性，2～3周龄的鸭最易感，1周龄内很少发病，嗜睡，不愿走动，少食或不食，拉稀。

［不同点］鸭传染性浆膜炎的病原为鸭疫里氏杆菌。腿软弱，共济失调，眼、鼻有黏性、浆性分泌物，稀粪呈黄绿色或绿色，跌倒仰卧不能翻转。腹部膨胀，死前抽搐。剖检可见心囊、气囊和肝脾表面有纤维素渗出物。病料涂片镜检，可见两极浓染的小杆菌。

6. 鸭的球虫病与鸭伪结核病的鉴别

［相似点］鸭的球虫病与鸭伪结核病均有传染性，沉郁，减食，缩颈嗜睡，羽毛松乱，下痢，粪呈暗红色，剖检可见小肠充血、出血。

［不同点］鸭伪结核病的病原是伪结核耶尔辛菌，眼

半闭或全闭，流泪。两腿发软，麻痹，行走困难，下痢呈绿色水样或暗红色。剖检可见心包液呈淡黄红色，心冠脂肪、心内膜、肺有出血点、出血斑。肝、脾、肺有黄白色坏死灶或白色结节，气囊粗糙、有黄色干酪样物。根据培养生理特性可以确认。

7. 鸭的球虫病与鸭病毒性肝炎的鉴别

[**相似点**] 鸭的球虫病与鸭病毒性肝炎均有传染性，萎靡、缩颈呆立，厌食，眼半闭，下痢。

[**不同点**] 鸭病毒性肝炎的病原为Ⅰ型鸭肝炎病毒（DHV-Ⅰ）。5～7日龄的鸭群突然发病，传染迅速，常抽搐痉挛，常侧头向后背（俗称背脖），喙端、爪尖呈紫色，有时雏鸭死亡很快。剖检可见肝肿大、质脆、色暗淡或发黄、表面有出血点，肝细胞弥漫性变性和坏死，窦状间隙充满红细胞。从肝中可分离到病毒。

8. 鸭的球虫病与鸭巴氏杆菌的鉴别

[**相似点**] 鸭的球虫病与鸭巴氏杆菌均有传染性，委顿、闭目打盹，少食或废食，饮水增加，不愿随群活动，下痢、粪腥臭，剖检可见肠道充血、出血，尤以小肠最为严重，肠内容物呈红色。

[**不同点**] 鸭巴氏杆菌的病原为巴氏杆菌，口鼻流黏液、不时甩头，呼吸困难。粪灰白色或绿色，有时有关节炎，两腿无力以至瘫痪。剖检可见心冠脂肪、心肌膜、心肌充血、出血，肝脂肪变性、有出血点和坏死点。关节有干酪样物。病料涂片镜检可见两极着色的卵圆形短杆菌。

9. 鸭的球虫病与鸭曲霉菌病的鉴别

[**相似点**] 鸭的球虫病与鸭曲霉菌病均有传染性，沉郁，少食或不食，缩颈呆立、两眼半闭，羽毛松乱，下痢。

[**不同点**] 鸭曲霉菌病的病原为曲霉菌。4～6日龄最多，至2～3周龄停止。气喘，头颈伸直，呼吸困难，粪糊状、呈绿色或黄色。剖检可见肺、气囊、腹腔浆膜有霉性结节，气囊霉斑如碟状、呈烟绿色或深褐色，用手拨动有粉状物飞扬。镜检肺部霉状结节可见曲霉菌丝，镜检气囊支气管霉状结节可见到分隔菌丝特征性的分生孢子柄和孢子。

10. 鸭的球虫病与吸虫（卷棘口吸虫）病的鉴别

[**相似点**] 鸭的球虫病与吸虫（卷棘口吸虫）病均有传染性，精神不振，减食，下痢。

[**不同点**] 吸虫病的病原为吸虫（卷棘口吸虫），剖检可见肠黏膜上附有大量的虫体。

【**防制**】

1. 预防措施

（1）加强饲养管理 雏鸭必须按日龄分群单独饲养；保持鸭舍的清洁干燥，定期清除粪便，并堆积发酵以消灭卵囊；要防止饲料和饮水被鸭粪污染，饲槽及饮水器应经常消毒，特别是在本病流行严重时要定期更换垫料、铲除表土换新；禁止饲养人员串圈，谢绝外场人员参观，以免带进球虫卵囊。

（2）药物预防 在球虫病多发地区，流行季节以及地面潮湿、污染大量卵囊，或雏鸭由网上饲养转为地面饲养时，可将下列药物的任何一种混于饲料中喂服，均有良效。磺胺间六甲氧嘧啶（SMM）按 0.1％混于饲料中，或复方磺胺间六甲氧嘧啶（SMM＋TMP，以 5：1 的比例）按 0.02％～0.04％混于饲料中，连喂 5 天，停 3 天，再喂 5 天；或磺胺甲基异噁唑（SMZ）按 0.1％混于饲料中，或复方磺胺甲基异噁唑（SMZ＋TMP，以 5：1 的比例）按 0.02％～0.04％混于饲料中，连喂 7 天，停 3 天，再喂 3 天；或克球粉按有效成分 0.05％的浓度混于饲料中，连喂 6～10 天；或克球多（0.05％）或球痢灵（0.0125％）等混于饲料中，连用 10 天。若与磺胺药交替轮换使用，可避免磺胺药易产生耐药性和引起磺胺出血综合征的缺点。

2. 发病后的措施

每天全群用百毒杀消毒 2 次，清除潮湿的垫料，换上新鲜的干燥垫料。

处方 1：抗球灵（地克珠利）饮水，剂量为 2 毫克/千克饮水，连饮 3～5 天。饲料中增加维生素的含量，尤其是维生素 A、维生素 K、维生素 C 的用量。对病情较重的，每天口服复方敌菌净片，2 片/羽，连用 3～5 天。

处方 2：磺胺-6-甲氧嘧啶（制菌磺、SMM）和 TMP（甲氧苄啶）合剂，二者的比例为 5：1，合剂用量为 0.04％混合在粉料中，连喂 7 天，停药 3 天，再喂 3 天。

二、鸭蛔虫病

鸭蛔虫病是由蛔虫寄生于鸭小肠内引起的一种常见的寄生虫病。本病遍及全国各地，常影响雏鸭的生长发育，甚至造成大批死亡。

【病原】蛔虫是寄生在鸭体内最大的一种线虫，呈淡黄白色，雄虫长 26～70 毫米，雌虫长 65～110 毫米。虫卵呈深灰色，椭圆形，卵壳厚，表面光滑或不光滑。

【流行病学】线虫的发育是多种多样的，一般可分为直接和间接两种类型。直接发育的线虫不需要中间宿主，雌虫产卵排出体外，在外界适宜的温度、湿度条件下，虫卵孵出幼虫，并经过 2 次蜕皮变为感染性幼虫，被适宜的宿主吞食，在其体内发育为成虫。间接发育的线虫则需要蚯蚓、昆虫等作为中间宿主。线虫构成鸭类寄生蠕虫中最重要的类群，其寄生于鸭类的种的数量和所造成的危害，均大大超过吸虫和绦虫。

【临床症状】雏鸭表现生长发育不良，贫血，消化机能障碍，下痢和便秘交替，有时稀粪中混有带血黏液。严重感染者可造成肠堵塞导致死亡。解剖见小肠黏膜发炎、出血，肠壁上有颗粒状脓灶或结节。严重感染者可见大量虫体聚集、相互缠结，引起肠阻塞，甚至肠破裂或腹膜炎。

【病理变化】小肠黏膜发炎、出血，肠壁上有颗粒状化脓灶或结节。严重感染时可见大量虫体聚集，相互缠结，引起肠阻塞，甚至肠破裂和腹膜炎。

【实验室诊断】饱和盐水漂浮法检查粪便中的虫卵。

【鉴别诊断】

1. 鸭蛔虫病与禽绦虫病的鉴别

[相似点] 鸭蛔虫病与禽绦虫病均有感染性，吞食有感染性幼虫的中间宿主而感染发病，食欲缺乏，贫血，消瘦。

[不同点] 禽绦虫病的病原为绦虫，有些还拉稀，粪中含有孕节、卵袋、卵子，剖检可在肠道（大部分在小肠）见到绦虫。

2. 鸭蛔虫病与禽吸虫病的鉴别

[相似点] 鸭蛔虫病与禽吸虫病均有感染性。吞食有感染性幼虫的中间宿主而发病，食欲缺乏，贫血，消瘦，粪检有虫卵。

[不同点] 禽吸虫病的病原为吸虫，中间宿主多为水生螺，严重感染时下痢，剖检可在寄生部位（大部分在肠道）见到虫体。

3. 鸭蛔虫病与禽疟原虫病的鉴别

[相似点] 鸭蛔虫病与禽疟原虫病均有感染性，发病过程中有中间宿主和终宿主，食欲缺乏，贫血，消瘦。

[不同点] 禽疟原虫病的病原为禽疟原虫，中间宿主为禽，终宿主为蚊，体温高，呼吸困难。采血涂片、染色镜检，可见到进入红细胞的滋养体。

【防制】

1. 预防措施

搞好日常环境卫生，及时清除粪便，堆积发酵，杀灭虫卵。定期预防性驱虫，每年 2～3 次。

2. 发病后的措施

处方 1：丙硫苯咪唑（抗蠕敏），按每千克体重 20 毫克的剂量，一次投服。

处方 2：左旋咪唑，20～30 毫克/千克体重，一次口服。

处方 3：驱蛔灵（枸橼酸哌哔嗪），250 毫克/千克体重（或 500～1000 毫克/羽），一次拌料内服。

处方 4：驱虫净（噻咪唑），40～60 毫克/千克体重（或 80～250 毫克/羽），一次拌料内服。

处方 5：甲苯咪唑，每吨饲料添加 30 克，混匀后连喂 7 天。

三、异刺线虫病

异刺线虫病（盲肠虫病）是由异刺科鸡异刺线虫寄生在鸡、火鸡、鸭、鹅的盲肠内引起的。

【病原】鸡异刺线虫因寄生于盲肠，故又称鸡盲肠虫。虫体小，呈白色，头端略向背侧弯曲。体侧具有侧翼，向后延伸较长的距离。该虫呈细线状，淡黄白色，雄虫长 7～13 毫米，雌虫长 10～15 毫米。

【流行病学】不同年龄的鸡、火鸡、珍珠鸡、鸭、鹅、北美鹑、雉鸡和鹧鸪等都有易感性。带虫鸡是传染源，它们不断地将虫卵随粪便排出体外，污染环境、饲料和饮水。虫卵在适宜的温度和湿度条件下，约经 2 周发育成含幼虫的感染性虫卵。其生活史为直接发育，不需中间宿主，鸭吃进虫卵后感染，幼虫移至盲肠先钻入黏膜内发育，然后重返肠腔发育为成虫。该虫在国内的分布甚广，各地都有发生，造成很大的危害。

【临床症状】患病鸭表现食欲下降、消瘦、贫血、腹泻、产蛋量下降；雏鸭发育受阻，衰弱致死。

【病理变化】尸体消瘦，盲肠的炎症和结节。盲肠可查出虫体。

【实验室诊断】对本病的诊断需粪检，发现虫卵或剖检病尸，找到虫体可确诊。

【鉴别诊断】异刺线虫病的类症鉴别同蛔虫。

【防制】

1. 预防措施

搞好日常环境卫生，及时清除粪便，堆积发酵，杀灭虫卵。定期预防性驱虫，每年 2～3 次。

2. 发病后的治疗

隔离病鸭，不要放牧。粪便应堆积发酵进行无害化处理。

处方 1：吩噻嗪，按 0.5～1 克/千克体重做成丸剂投服，给药前绝食 6～12 小时。

处方 2：左旋咪唑，按 25～30 毫克/千克体重混饲或饮水。

处方 3：丙硫咪唑，按 40 毫克/千克体重口服。

处方 4：枸橼酸哌哔嗪（驱蛔灵），按鸭体重每千克用量 250 毫克，一次拌料喂服。

四、毛细线虫病

禽毛细线虫病是由毛首科毛细线虫属的多种线虫寄生于禽类消化道引起的。我国各地均有发生。严重感染时，可引起家禽死亡。

【病原】 病原为捻转毛细线虫，虫卵两端有卵塞。雄虫长 14.3～16.6 毫米，雌虫长 28～70 毫米，虫卵大小为 (46～70) 微米×(24～28) 微米。呈毛发状。身体的前部短于或等于身体的后部，并且比后部稍细。前部为食道部，后部包含肠道和生殖器官。阴门位于前、后部的连接处。雄虫有 1 根交合刺和 1 个交合刺鞘，有的没有交合刺而只有鞘。

【流行病学】 成熟雌虫在寄生部位产卵，虫卵随禽粪便排到外界，直接型发育史的毛细线虫卵在外界环境中发育成感染性虫卵，其被禽类宿主吃入后，幼虫逸出，进入寄生部位黏膜内，约经 1 个月发育为成虫。间接型发育史的毛细线虫卵被中间宿主蚯蚓吃入后，在其体内发育为感染性幼虫，禽啄食了带有感染性幼虫的蚯蚓后，蚯蚓被消化，幼虫释出并移行到寄生部位黏膜内，经 19～26 天发育为成虫。

【临床症状】病鸭精神萎靡，头下垂；食欲缺乏，常做吞咽动作，消瘦，腹泻，严重者可发生死亡。各种年龄的禽均可发生死亡。

【病理变化】虫体寄生部位黏膜发炎、增厚，黏膜表面覆盖有絮状渗出物或黏液脓性分泌物，黏膜溶解、脱落甚至坏死。病变程度的轻重因虫体寄生的多少而不同。

【实验室诊断】用饱和盐水漂浮法检查粪便发现虫卵，剖检病禽发现虫体及相应病变可做出诊断。

【鉴别诊断】毛细线虫的类症鉴别同蛔虫。

【防制】

1. 预防措施

搞好日常环境卫生，及时清除粪便，堆积发酵，杀灭虫卵；消灭禽舍中的蚯蚓；定期进行预防性驱虫，每年 2～3 次。

2. 发病后的治疗

隔离病鸭，不要放牧。粪便应堆积发酵进行无害化处理。

处方 1：左旋咪唑，按每千克体重 20～30 毫克，一次内服。

处方 2：甲苯咪唑，按每千克体重 20～30 毫克，一次内服。

处方 3：甲氧啶，按每千克体重 200 毫克，用灭菌蒸馏水配成 10%溶液，皮下注射。

处方 4：越霉素 A，按每千克体重 35～40 毫克，一次口服。或按 0.05%～0.5%的比例混入饲料中，拌匀后连喂 5～7 天。或四咪唑，每千克体重 40 毫克，溶于水中饮服。

五、鸭丝虫病

鸭丝虫病是由龙线科鸟蛇属的线虫寄生于鸭的皮下结缔组织中引起的。本病主要分布在我国南方各省。感染率为 50%左右，死亡率为 20%左右，对养鸭业的危害很大。该病主要危害 3～6 周龄的雏鸭。

【病原】生活于鸭的鸟蛇线虫有 7 种，但国内仅发现台湾鸟蛇线虫（虫体细长呈丝状，白色，稍透明，头部钝圆，雌、雄虫的差别很大。雄虫细小，长 6 毫米，直径 0.13 毫米，尾部向腹面弯曲，交合刺 1 对，不等长。雌虫较粗大，长 110～180 毫米，直径 0.56～0.88 毫米，尾渐变尖细，尾端弯曲成钩状。生殖孔位于虫体后半部，子宫内含有大量的幼虫。幼虫纤细、白色，长 0.39～0.42 毫米）和四川鸟蛇线虫（雄虫体长 8.71～10.99 毫米，直径 0.14～0.16 毫米，交合刺 1 对，形状相同，近乎等长。雌虫体长 32.6～63.5 毫米，直径 0.64～0.80 毫米。子宫内的幼虫长 0.47～0.53 毫米）2 种。

【流行病学】鸟蛇线虫的生活史中有中间宿主剑水

蚤。成虫寄生于鸭的皮下结缔组织中，并形成结节，患部皮肤渐变菲薄被雌虫头端穿破，雌虫在水中自行破裂，子宫内的一期幼虫进入水中，被剑水蚤吞食，经过8～12天，蜕皮2次，变为三期幼虫（即感染性幼虫）。鸭食入含有感染性幼虫的剑水蚤即得到感染。幼虫从鸭的肠腔经过移行，最后到达鸭的下颚、咽喉、眼周围、腹部和腿部等处的皮下，逐渐发育为成虫。

该病主要危害3～6周龄的雏鸭。鸭感染鸟蛇线虫是由于在稻田、池塘或沟渠等水中，食入了含有感染性幼虫的剑水蚤。秋季和春季雏鸭易感多发。

【临床症状】症状典型，在下颚、颈部、眼周围、腹部、腿部等处的皮下结缔组织内形成瘤样肿胀，初期如豆大，较硬，以后逐渐变大、变软，患部呈紫色。肿胀发生在眼周围，导致结膜外翻，有的视力丧失；肿胀发生在颈部，病鸭采食困难；肿胀发生在腿部，致使病鸭行走不便或不能站立，病鸭发育迟缓、消瘦；可引起大批死亡。

【病理变化】病死鸭，切开紫色的瘤样肿胀，可见白色液体流出，镜检可见大量幼虫，同时可见成团的白色细线状虫体活动，易于确诊。

【鉴别诊断】见蛔虫。

【防制】

1. 预防措施

在发病季节，不要去疑有阳性剑水蚤的稻田沟渠等处放养雏鸭；消灭中间宿主。在有中间宿主——剑水蚤的地方（如稻田、水沟等处）撒布一些石灰或敌百虫

（使浓度达到百万分之一）；用丙硫苯咪唑按每千克体重50毫克，每天喂服1次，连用2天进行预防性驱虫。

2. 发病后的治疗

对本病应早期治疗，效果较好。可选用1％敌百虫溶液、或1％碘溶液、或0.35％高锰酸钾溶液，按瘤样肿胀的大小，病灶内注射0.5～2.0毫升。或2％左咪唑溶液，病灶内注射0.5～2.0毫升。

六、舟形嗜气管吸虫病

本病是由舟形嗜气管吸虫寄生于鸡、鸭、鹅的气管、支气管气囊和眶下窦的一种寄生虫病。

【病原生活史】舟形嗜气管吸虫呈卵圆形，大小为（6～12）毫米×3毫米，口在前端，无肌质吸盘围绕，无腹吸盘，虫卵大小为（0.096～0.132）毫米×（0.050～0.068）毫米，刚排出的虫卵内含有毛蚴，毛蚴孵出后钻入中间宿主螺蛳体内，无尾的尾蚴在螺体内形成包囊，禽类吞食含囊蚴的螺蛳后被感染。

【临床症状】致病性轻度感染不显症状，当气管被大量寄生时，咳嗽，气喘，伸颈张口呼吸，可因窒息而死亡。

【鉴别诊断】

1. 舟形嗜气管吸虫病与禽曲霉菌病的鉴别

[相似点] 舟形嗜气管吸虫病与禽曲霉菌病均有传染性，喘气，伸颈张口呼吸。

[不同点] 禽曲霉菌病的病原为曲霉菌，吃了有曲霉菌的饲料而发病，呼吸有"沙沙"声，闭目昏睡，约有

5％发生曲霉菌眼炎。眼结膜潮红，眼睑肿大。剖检可见肺有灰白色、黄白色、粟大至豆大的霉性结节，挑出内容物加盖玻片可见霉菌的菌丝。

2. 舟形嗜气管吸虫病与禽线虫（支气管杯口线虫、气管比翼线虫）病的鉴别

[**相似点**] 舟形嗜气管吸虫病与禽线虫（支气管杯口线虫、气管比翼线虫）病均有传染性，伸颈张口呼吸，可因窒息而死亡。

[**不同点**] 禽线虫（支气管杯口线虫、气管比翼线虫）病的病原为线虫，不咳嗽，不因吃螺而发病，剖检气管可见虫体。

【**防治**】在发病地区应注意灭螺，并将粪堆积发酵灭虫卵，病禽用药治疗。用0.2％碘溶液气管注入，每只成鸭1毫升。同时用0.2％土霉素溶液饮服（5天剖检虫体死亡100％）；或用吡喹酮每千克体重20毫克拌料喂服，连用2次，效果很好。

七、棘口吸虫病

棘口吸虫病是由棘口类吸虫寄生于鸭、鹅的直肠和盲肠中所引起的一种寄生虫病。有的棘口吸虫可寄生于哺乳动物包括人体内，本病对幼禽的危害最大。

【**病原**】吸虫纲、复殖目、棘口科、棘口属的卷棘口吸虫。虫体呈长叶状，长7.6～12.6毫米、宽1.26～1.6毫米，体表被有小棘；虫体的前端有头冠，头冠上有头棘35～37枚，在头冠的两侧各有腹角棘5枚；虫体前端有口吸盘，小于腹吸盘；睾丸呈椭圆形，前后排列于卵巢后方，卵巢呈圆形位于虫体中部，子宫弯曲在卵巢的前方，其内充满虫卵，卵黄腺分布在腹吸盘后方的两侧，伸达虫体后端，在睾丸后方不向虫体中央扩展。

【临床症状】严重感染时，可引起食欲缺乏，消化不良，腹泻。粪便中混有黏液。禽体贫血，消瘦，发育停滞，最后衰竭死亡。

【病理变化】鸭体严重脱水、消瘦，肝充血，胆囊胀大；出血性肠炎，肠腔充满卡他性黏液，有的在空肠可见黑褐色的栓塞物，肠壁变薄，盲肠肿大、出血、坏死，剖开盲肠可见其内容物呈黑褐色、恶臭、黏稠，内含气体。剖检的鸭均在盲肠、直肠发现粉红色细叶状的虫体，虫体一端埋入肠黏膜内，且吸附部位有溃疡，用剪刀稍用力即可将其刮下，刮下的虫体可蠕动蜷曲。其他脏器无肉眼可见的病变。

【实验室诊断】采用水洗沉淀法或离心沉淀法检查病禽粪便中的虫卵。

【鉴别诊断】

1. 棘口吸虫病与绦虫病的鉴别

[相似点] 棘口吸虫病与绦虫病均有传染性，食欲缺乏，贫血，消瘦，生长发育受阻，下痢。

[不同点] 绦虫病的病原为绦虫，粪检含有孕节片，剖检肠内有虫体。

2. 棘口吸虫病与鸭球虫病的鉴别

[相似点] 棘口吸虫病与鸭球虫病均有传染性，食欲减少，精神不振、下痢。

［**不同点**］鸭球虫病的病原为球虫。喝水增加，排桃红色或暗红色粪便，有时带有黄色黏液，腥臭。剖检可见小肠肿胀、有出血点或出血斑。肠内容物为淡红色或鲜红色的黏液或胶冻样，但不形成肠芯。洗去病变肠部血液和黏液，刮取少量黏膜加 1～2 滴生理盐水充分调匀，镜检可见大量球形的像剥了皮的橘子似的裂殖体、香蕉形的裂殖子和卵囊。

3. 棘口吸虫病与禽线虫病的鉴别

［**相似点**］棘口吸虫病与禽线虫病均吞食含有感染性幼虫的中间宿主而发病，禽为虫体的终宿主，食欲缺乏，贫血，消瘦，粪检有虫卵。

［**不同点**］禽线虫病的病原为线虫，一般不下痢（环形、膨尾线虫，严重时有肠炎），剖检可在嗉囊、食道、腺胃黏膜、肌胃角质层下见到虫体。

4. 棘口吸虫病与禽疟原虫病的鉴别

［**相似点**］棘口吸虫病与禽疟原虫病均有传染性，食欲缺乏，贫血，消瘦。

［**不同点**］禽疟原虫病的病原为疟原虫，禽是中间宿主而不是终宿主，粪检无虫卵。血液涂片用罗曼诺夫斯基染色，进入红细胞的滋养体呈环状，其细胞质呈天蓝色，细胞核呈红色，虫体中间为不着色的空泡。

【**防制**】

1. 预防措施

本病流行地区，应做好消灭淡水螺的工作；每年应对家禽进行有计划的驱虫，并对驱虫后的粪便严格处理。每天应及时清扫禽舍，粪便进行无害化处理。

2. 发病后的治疗

处方 1：硫双二氯酚，按 150～200 毫克/千克体重用药，拌料饲喂。

处方 2：氯硝柳胺，按 100～120 毫克/千克体重，一次口服。

处方 3：丙硫咪唑，按 15 毫克/千克体重的剂量喂服。或按每千克体重 80 毫克混饲喂服。

处方 4：槟榔 50 克，加水 1000 毫升，水煎至 750 毫升，用双层纱布过滤，按 5～10 毫克/千克体重的剂量喂服。

处方 5：丙氧咪唑，每千克 10～20 毫克，一次内服。

八、鸭绦虫病

鸭绦虫病是由绦虫寄生于鸭的小肠内引起的疾病。

【病原】鸭绦虫病的病原体为剑带绦虫和带壳绦虫，其中剑带绦虫是鸭最常见的一种小肠寄生虫，它的成虫寄生在小肠内。这些绦虫都较大，一般长 10～30 厘米。

【流行病学】当虫卵被排出后，在水中被它的中间宿主——剑水蚤吞食并发育为感染性幼虫。鸭、鹅吃了这种剑水蚤后感染发病。中间宿主为剑水蚤。此外，淡水螺可作为某些膜壳绦虫的保虫宿主。鸭或鹅吞食了感染的剑水蚤或保虫螺易受感染，在肠内发育成成熟的绦虫。本病严重侵害 2 周龄至 4 月龄的雏禽，温带地区多在春末与夏季发病。

【临床症状】感染严重时，雏禽表现明显的全身症状，成年水禽也可感染，但症状一般较轻。病禽首先出现消化机能障碍，排出灰白色稀薄粪便，混有白色绦虫节片，食欲减退。到后期完全不吃，烦渴，生长停滞，消瘦，精神萎靡，不喜活动，离群，腿无力，向后面坐倒或突然向一侧跌倒，不能起立，一般在发病后的 1～5 天死亡。当大量虫体聚集在肠内时，可引起肠管阻塞；虫体代谢产物被吸收时，可出现痉挛，精神沉郁，贫血与渐进性麻痹而死。

【病理变化】小肠发生卡他性炎症与黏膜出血，其他浆膜组织也常见有大小不一的出血点，心外膜上更显著。

【实验室诊断】用水洗沉淀法发现有绦虫节片，再将粪渣过滤，涂片镜检，有椭圆形虫卵，无卵囊包裹。

【鉴别诊断】

1. 鸭绦虫病与禽吸虫病的鉴别

［相似点］鸭绦虫病与禽吸虫病均有传染性，贫血，消瘦，下痢，有出血性肠炎。

［不同点］禽吸虫病的病原为吸虫（柳叶状、球形等），中间宿主为淡水螺，粪检可见虫卵。虫体有吸盘，无头节、节片。

2. 鸭绦虫病与坏死性肠炎的鉴别

［相似点］鸭绦虫病与坏死性肠炎均有传染性，沉郁，食减或废绝，粪中有血。

［不同点］坏死性肠炎的病原为魏氏梭菌，排黑色粪间或带血剖检时有尸腐臭味，小肠扩张充气，肠污黑绿色，肠内容物状、有气泡血样、呈黑绿色，黏膜有坏死灶、有伪膜，肠黏取物镜检可见革兰氏阳性、粗短、两端钝圆的大肠杆菌。鸭绦虫病病原是剑带绦虫和带壳绦虫，排白色稀粪，混有白色绦虫节片，小肠和肠道浆膜出血。镜检有椭圆形虫卵，无卵囊包裹。

3. 鸭绦虫病与禽线虫病的鉴别

[**相似点**] 鸭绦虫病与禽线虫病均有传染性，吞食有感染性的中间宿主发病，为终宿主，食欲减退，贫血，消瘦。

[**不同点**] 禽线虫病的病原为线虫，粪检可见虫卵，除环形膨尾线虫严重感染时有肠炎外，其他不表现肠炎，仅在剖检时可见嗉囊、食道、肌胃受到损伤并发现虫体。

【防制】

1. 预防措施

雏鸭与成鸭分开饲养，3 月龄内的雏鸭最好实行舍饲，特别是不应到不流动、小而浅的死水域去放牧（因为这种水域利于中间宿主剑水蚤的滋生）；注意鸭群驱虫前应绝食 12 小时，投药时间宜在清晨进行，鸭粪应收集堆积发酵处理，以防散播病原。

每年对鸭群定期进行 2 次驱虫，一次在春季鸭群下水前，另一次在秋季终止放牧后。平时发现虫体，随时驱虫。驱虫办法如下：氢溴酸槟榔碱，配成 0.1% 的水溶液，一次灌服，每千克体重用药 1～2 毫克；或槟榔 100 克，石榴皮 100 克，加水至 1000 毫升，煎成 800 毫升，内服剂量为 20 日龄雏鸭 1 毫升、30～40 日龄雏鸭 1.5～2 毫升、成鸭 3～4 毫升，拌料，连喂 2 次，1 日 1 次；南瓜子，煮沸脱脂打成细粉，按雏鸭 5～10 克、成鸭 10～20 克拌料喂服。

2. 发病后的措施

由于绦虫的头牢固地吸附在肠壁上，往往后面的节片已被驱出，而头节还没有驱出，经过 2～3 周，又重新长出节片变成一条完整的绦虫。所以在第 1 次喂药后，隔 2～3 周再驱虫 1 次，才能达到彻底驱除绦虫的效果。其粪便须经堆积发酵腐熟杀死虫卵后才能作为肥料，对病死鸭采用深埋处理，减少二次感染的机会。治疗原则是"急则治其标，缓则治其本"。

处方 1：阿苯达唑，25 毫克/千克体重，复方新诺明，250 毫克/只，每天 1 次，连用 2 次。

处方 2：吡喹酮，每千克体重 10～15 毫克内服，本药的效果较好。

处方 3：氯硝柳胺（灭滴灵），按 60～150 毫克/千克体重，一次口服。

处方 4：硫双二氯酚，每千克体重用药 90～110 毫克，把药片磨细后加水稀释，用胶头滴管灌入食道或与精饲料拌匀，于早晨喂饲料后喂服。

处方 5：丙硫咪唑，按 20～30 毫克/千克体重，一次口服。

注意： ①与大肠杆菌混合感染时，上述处方可配合中药（黄连解毒汤与白头翁汤加减）治疗。方剂：黄连45 克、黄芩 45 克、黄柏 45 克、白头翁 45 克、栀子 50克、苦参 50 克、龙胆草 45 克、郁金 35 克、甘草 40 克，水煎服，以上为 200 羽成年鸭 1 天的用量。有条件的可根据药敏试验选择用药，力争把损失控制在最小范围之内。②对有病毒感染的可配合使用生物干扰素（黄芪多糖，成都坤宏动物药业生产）每瓶 5 克拌料 10 千克，每天 2 次，连用 3 天。

九、隐孢子虫病

禽隐孢子虫病是由隐孢子虫科隐孢子虫属的贝氏隐

孢子虫寄生于家禽的呼吸系统、消化道、法氏囊和泄殖腔内所引起的一种原虫病。

【病原】贝氏隐孢子虫的卵囊大多为椭圆形，部分为卵圆形和球形，(4.5～7.0)微米×(4.0～6.5)微米，卵囊壁薄，单层，光滑，无色。主要寄生于鸭的腔上囊、泄殖腔和呼吸道。隐孢子虫的卵囊呈圆形或椭圆形，卵囊壁光滑，囊壁上有裂缝，无微孔、极粒和孢子囊。每个卵囊含有4个裸露的香蕉形的子孢子和1个残体，残体由1个折光体和一些颗粒组成。

【流行病学】隐孢子虫病呈世界性分布，隐孢子虫是一种多宿主寄生原虫。在我国发现于鸡、鸭、鹅、火鸡、鹌鹑、孔雀、鸽、麻雀、鹦鹉、金丝雀等禽类体内。除薄型卵囊在宿主体内引起自身感染外，主要感染方式是发病的禽类和隐性带虫者粪便中的卵囊污染了禽的饲料、饮水等经消化道感染，此外亦可经呼吸道感染。发病无明显的季节性，但以温暖多雨的8～9月份多发，在卫生条件较差的地区容易流行。

【临床症状】病禽精神沉郁，缩头呆立，眼半闭，翅下垂，食欲减退或废绝，张口呼吸，咳嗽，严重的呼吸困难，发出的"咯咯"的呼吸音，眼睛有浆液性分泌物，腹泻，便血。人工感染严重发病者可在2～3天后死亡，死亡率可达50.8%。

【病理变化】泄殖腔、法氏囊及呼吸道黏膜上皮水肿，肺腑侧坏死，气囊增厚，浑浊，呈云雾状外观。双侧眶下窦内含黄色液体。

【实验室诊断】可采用卵囊检查及病理组织学诊断。

病鸭采用饱和糖溶液漂浮法收集粪便中的卵囊，死亡鸭可以刮去法氏囊、泄殖腔或呼吸器官制成涂片，染色后观察卵囊。

【鉴别诊断】

1. 隐孢子虫病与禽巴氏杆菌病的鉴别

［相似点］隐孢子虫病与禽巴氏杆菌病均有传染性，精神不好，缩颈闭目，翅下垂，呼吸迫促，饮食废绝。

［不同点］禽巴氏杆菌病的病原为巴氏杆菌，口鼻有泡沫黏液，常有剧烈腹泻，冠髯紫黑色水肿。剖检可见皮下组织、肠系膜、黏膜浆膜均有出血点，胸腹腔、气囊、肠系膜有纤维素性或干酪样渗出物。病料涂片、染色镜检可见两极着色的卵圆形短杆菌。隐孢子虫病肺腹侧充血严重，切面渗出液增多。气囊呈云雾状。生前收集呼吸道黏液，用饱和食用白糖溶液将卵囊浮集起来，镜检可见卵囊。

2. 隐孢子虫病与禽曲霉菌病的鉴别

［相似点］隐孢子虫病与禽曲霉菌病均有传染性，精神不振，闭目，翅下垂，打喷嚏，减食或废食，伸颈张口呼吸。

［不同点］禽曲霉菌病的病原为曲霉菌，喘气，用耳倾听呼吸有"沙沙"声，眼睑肿胀，剖检肺气囊有黄白色或灰白色霉菌结节，用针刺破结节取内容物涂片，加苛性钾后镜检可见曲霉菌的菌丝。气囊、支气管的病变镜检可见到分隔菌丝特性的分生孢子柄和孢子。

3. 隐孢子虫病与禽线虫（气管比翼线虫）病的鉴别

［相似点］隐孢子虫病与禽线虫（气管比翼线虫）病

均有传染性，鸭伸颈张口呼吸。剖检气管有较多的泡沫液体。

［不同点］禽线虫的病原为气管比翼线虫，口内充满泡沫液体，头颈不断甩动。剖检喉头可见权子形虫体。

【防制】

1. 预防措施

应加强饲养管理和环境卫生，成年禽与雏禽分群饲养。饲养场地和用具等应经常用热水或 5%氨水或 10%福尔马林消毒。粪便污物定期清除，进行堆积发酵处理。对放牧的鸭应进行有计划的驱虫，根据囊蚴在鸭体内发育至成熟的虫体需要 16～22 天的特点，要求每间隔 20天驱虫 1 次。

2. 发病后的治疗

目前没有有效的抗贝氏隐孢子虫的药物，据报道百球清在推荐的浓度下，治疗有效率达 52%。对本病的临床治疗尚可采用对症治疗。

十、住白细胞原虫病

住白细胞原虫病是由西氏住白细胞原虫引起的家禽的一种急性高度致死性原虫病。住白细胞原虫寄生在家禽的白细胞和红细胞内，引起血细胞的严重破坏。本病对幼雏的致病性强，可造成大批死亡。

【病原】西氏住白细胞原虫的配子体呈长椭圆形，大小为（14～15）微米×（5～6）微米。多寄生在淋巴细胞和大单核细胞内，被寄生的宿主细胞两端变尖而呈纺锤形，长约 48 微米。宿主细胞核被虫体挤在一边呈狭长扁平状。

【流行病学】西氏住白细胞原虫的发育史中需要吸血昆虫——库蠓或蚋作为中间宿主。本病的发病、流行与库蠓或蚋等吸血昆虫的活动规律有关，发病高峰都在库蠓和蚋大量出现的夏、秋季节。各日龄的鸭鹅都能感染，但幼禽和青年禽的易感性最强，发病也最严重。

【临床症状】雏鸭发病后，精神委顿，体温升高，食欲消失，渴欲增加，流涎；体重下降，贫血，下痢呈淡黄色；两肢轻瘫，走路不稳，全身衰弱，常伏卧地上；呼吸急促，流鼻液和流泪，眼睑粘连；成年鸭感染后呈慢性经过，表现为不安和消瘦。

【病理变化】脾肿大、肝变性和肿大，贫血，白细胞增多。在鸭的心和脾中带有巨型裂殖体时，可见有泛发性的心、脾组织损伤。有报道在急性感染的鸭血清中存在有一种抗红细胞因子，被认为是西氏住白细胞原虫的一种产物，对血管起作用，其可能是引起红细胞渗透性脆性和贫血的原因。

【实验室诊断】确诊则需在血液抹片中找到病原体。病鸭血液抹片中的配子可用罗曼诺夫斯基染色法鉴别，雌配子体的细胞质呈深蓝色，细胞核呈红色；雄配子体的细胞质呈浅蓝色，核呈浅粉红色。雄配子体比较脆弱，容易变形。

【鉴别诊断】

1. 住白细胞原虫病与禽链球菌病的鉴别

［相似点］住白细胞原虫病与禽链球菌病均有传染性，委顿，食欲减退，冠苍白，下痢、粪呈绿色，成年

鸭产蛋下降。

［**不同点**］禽链球菌病的病原为链球菌，嗜睡，冠有时紫色，髯水肿，腹泻、粪灰黄色或灰绿色。亚急性部分轻瘫跛行、脚底组织坏死。剖检可见皮下浆膜水肿、心包、腹腔有出血性浆液性纤维素性渗出物，心冠状沟、心外膜有出血点，肝、脾有出血坏死点，肺淤血或水肿，慢性有关节炎、腱鞘炎。将肝、脾、血液、皮下渗出液涂片，用美蓝、瑞氏或革兰氏染色镜检，可见蓝、紫色或革兰氏阳性的单个或短链排列的球菌。

2. 住白细胞原虫病与禽衣原体病的鉴别

［**相似点**］住白细胞原虫病与禽衣原体病均有传染性，精神不振，眼半闭，冠苍白，下痢、粪绿色，消瘦。剖检可见内脏有坏死点。

［**不同点**］禽衣原体病的病原为衣原体。缩颈，头掩于翅下，鼻、眼有分泌物，呼吸困难，眼睑、下颌水肿。剖检可见头肿处皮下黄色胶样浸润，眶下窦有干酪样物，气囊壁厚、内有纤维素性液。将肝、脾、心包压片，用姬姆萨染色衣原体呈紫色。

【**防制**】

1. 预防措施

（1）消灭中间宿主　在住白细胞原虫流行的地区和季节，应首先消灭其媒介者——吸血昆虫库蠓和蚋，方法可用 0.2% 敌百虫溶液在鸭舍内和周围环境喷洒，也可用 0.1% 的溴氰菊酯溶液。保持鸭舍的卫生、通风和干燥。禁止将幼雏与成禽混群饲养，并在饲料中添加预防药物。

（2）药物预防　预防用药应在病流行前，可选用磺胺二甲氧嘧啶混料或饮水；磺胺喹噁啉混料或饮水；乙胺嘧啶 0.0001% 混料；克球粉 0.0125% 混料；氯苯胍 0.0033% 混料。

2. 发病后的措施

处方1：磺胺二甲氧嘧啶 0.05% 饮水 2 天，再以 0.03% 饮水 2 天。

处方2：乙胺嘧啶 0.0005% 混料 3 天。

处方3：氯苯胍 0.0066% 混料或用 0.01% 泰灭净钠粉剂饮水 3 天，然后改用 0.001% 浓度连用 2 周，效果较好。

十一、鸭棘头虫病

鸭棘头虫病是由多形科的某些棘头虫寄生于鸭的小肠所引起的疾病。我国多个省区都有发生，对雏鸭的生长发育影响很大。

【病原】病原为多形科多形属的大多形棘头虫、小多形棘头虫、腊肠状多形棘头虫和多形科细颈属的鸭细颈棘头虫，共 4 种。大、小多形棘头虫的虫体呈橘红色，纺锤形，长几毫米至 14 毫米。鸭细颈棘头虫呈纺锤形，白色。

【流行病学】腊肠状多形棘头虫的中间宿主为岸蟹，大多形棘头虫与小多形棘头虫的中间宿主为虾类，鸭细颈棘头虫的中间宿主为栉水虱。成虫在小肠内产卵，卵随粪便进入水中，虫卵被中间宿主吞食，卵膜消化，棘头虫从卵中逸出，14~15 天后变为前棘头体，30~35 天变为棘头体，54~60 天具有感染性。该病常呈地方性流行，多发生在春、夏季节。1～3 月龄的雏鸭最易感染，能引起大批死亡。除感染鸭、鹅外，多种野生水禽也可感染。

【临床症状】大多形棘头虫与小多形棘头虫均寄生于鸭小肠前段，腊肠状多形棘头虫和鸭细颈棘头虫多寄生在小肠中段，引起肠管炎症。因此，病鸭主要表现为腹泻，消瘦，生长与发育受阻，大量感染而饲养条件又较差时可引起死亡。幼鸭的病死率高于成鸭。

【病理变化】棘头虫以吻突钩牢固地附着在鸭肠黏膜上，引起卡他性炎症，甚至可造成病鸭肠壁穿孔，并发腹膜炎而死亡。由于肠黏膜的损伤，容易造成其他病原菌的继发感染，引起化脓性炎症。剖检时可在肠道浆膜面上看到肉芽组织增生的小结节，大量的橘红色虫体固着于肠壁上并出现不同程度的创伤。

【实验室诊断】确诊需要采取病鸭粪便，采用水洗沉淀法或离心漂浮法来检查虫卵。

【鉴别诊断】见蛔虫。

【防制】

1. 预防措施

发生过本病的鸭场，秋季放牧结束后 2 周进行 1 次驱虫，春季产卵前 1 个月再进行 1 次驱虫。成鸭与雏鸭混牧时，除对成鸭进行驱虫外，对雏鸭于放牧开始后 20～25 天，进行成虫期前驱虫。最好成鸭、雏鸭分群放牧。如无安全水域，可将雏鸭在陆地上饲养到 2～3 月龄时再放牧。引进新鸭，须先检查有无棘头虫寄生，如有棘头虫寄生，驱虫后 10 天再于水域中放牧。

2. 发病后的措施

隔离病鸭，不要放牧。粪便应堆积发酵进行无害化处理。四氯化碳，按每千克体重用 1 毫升一次口服。或硫双二氯酚按每千克体重用 500 毫克混在饲料中一次喂服。

第三章　鸭营养代谢病的鉴别诊断及防治

一、维生素 A 缺乏症

维生素 A 是家禽生长、视觉以及对黏膜的完整性（正常生长和修复）所必需的营养物质。家禽如缺乏维生素 A，不仅其胚胎和雏禽的生长发育不良，而且还会引起眼球的变化而导致视觉障碍，此外还会损害消化道、呼吸道和泌尿生殖道。缺乏维生素 A 可以降低禽体的抵抗力，易感染其他传染病。

【病因】饲料中维生素 A 或胡萝卜素不足或缺乏是该病的原发性病因，运动不足、饲料中缺乏矿物质、饲养条件不良以及患胃肠道疾病（如球虫病、蠕虫病等）也都是促使鸭发病的重要因素。

【临床症状和病理变化】病鸭表现生长发育停滞，消瘦，羽毛松乱，无光泽，运动无力，两脚瘫痪，眼流泪，上下眼睑粘连，眼发干，形成一干眼圈，角膜浑浊不清，眼球凹陷，双目失明。可见眼结膜囊内有大量的干酪样渗出物，眼球萎缩凹陷。口腔和食道黏膜发炎，有散在的白色坏死灶。肾小管内蓄积大量的尿酸盐。此外，在心脏、心包、肝脏和脾脏表面也可见尿酸盐沉积，这是由于缺乏维生素 A 引起肾脏机能障碍导致尿酸盐不能正常排泄所致。病鸭的胸腺、法氏囊及脾脏等免疫器官发生萎缩，免疫功能明显下降。

【鉴别诊断】

1. 维生素 A 缺乏症与禽痘（白喉型）的鉴别

［相似点］维生素 A 缺乏症与禽痘（白喉型）均有萎靡、消瘦，口腔有灰白色结节且覆有白色假膜，揭去假膜有溃疡等现象。

［不同点］禽痘有传染性，禽痘的病原为痘病毒。吞咽、呼吸均困难，并发出嘎嘎声，病料接种 9～12 日龄鸡胚、绒毛尿囊膜上，4～5 天后可见有痘斑病灶。

2. 维生素 A 缺乏症与禽痛风的鉴别

［相似点］维生素 A 缺乏症与禽痛风均有消瘦，冠苍白，步态不稳，产蛋率降低。剖检可见肝、脾、心包表面有尿酸盐。

［不同点］禽痛风是日粮中蛋白质太多而造成尿酸血症。不自主排白色半黏液状稀粪，血中尿酸水平增高达 10～16 毫克/分升（正常为 1.5～3.0 毫克/分升）。关节肿胀、蹲坐或独肢站立，行动迟缓，跛行，剖检可见胸膜、腹膜、肺、心包、肝、脾、肾、肠系膜有一层半透明薄膜或白色结晶，关节也有结晶。

3. 维生素 A 缺乏症与禽脑脊髓炎的鉴别

［相似点］维生素 A 缺乏症与禽脑脊髓炎均有精神

委顿，羽毛松乱，生长缓慢，运动失调，走路不稳。

[**不同点**] 禽脑脊髓炎的病原为禽脑脊炎病毒，部分晶体浑浊，眼球增大。驱赶时以跗关节走路并拍打翅膀。剖检可见脑膜充血、出血，肌胃、肌层有散在的灰白区。用荧光抗体阳性鸭可见黄绿色荧光。

【防制】

1. 预防措施

保证日粮中有足够的维生素 A 和胡萝卜素，给种鸭多喂青绿饲料、胡萝卜和块根类及黄玉米，必要时应给予鱼肝油或维生素 A 添加剂。根据季节和饲料的供应情况，冬春季节以胡萝卜或胡萝卜缨最佳，其次为豆科绿叶，夏秋季节以野生水草最佳，其次为绿色蔬菜、南瓜等。一旦发现病鸭，应尽快在日粮中添加富含维生素 A 的饲料。维生素 A 是一种脂溶性维生素，热稳定性差，在饲料的加工、调制、储存过程中易被氧化而失效。同时注意配合日粮的喂用，不要存放过久。

2. 发病后的措施

处方 1：维生素 A 制剂。当禽群中发生本病时，可每千克日粮中补充 1000～2000 国际单位的维生素 A，在病初可迅速收到效果。

处方 2：富含维生素 A 的鱼肝油。每千克日粮中加入鱼肝油 3～5 毫升（加时应先将鱼肝油加入拌料用的温水中，充分搅拌，使脂肪滴变细），与日粮充分混合均匀，立即饲喂。

处方 3：维生素 A 注射液，440 单位/千克体重，皮下注射。或维生素 A、维生素 D 合剂，2～5 毫升，肌内注射。

二、维生素 D 缺乏和钙磷代谢障碍症

维生素 D 与钙磷共同参与骨组织的代谢，其中任何一种缺乏或钙磷比例失调都会造成骨组织的发育不良或疏松。本病在不同年龄的鸭中均可发生，但以 1～4 周龄的幼鸭多发。

【病因】维生素 D 是一种脂溶性维生素，既可在阳光照射下由皮肤合成，又可得之于动物性饲料。在舍饲时，尤其是在雏鸭得不到阳光照射，饲料中维生素 D 含量不足时，可引起本病。钙、磷是机体的常量元素，依赖于饲料的供给，当饲料中钙或磷不足或二者的比例失调时，引起本病。饲料中其他矿物质干扰了钙、磷的吸收，如锰、锌、铁过高可抑制钙的吸收，从而引起本病。肝脏疾病、肠道炎症影响了钙磷的吸收，从而促发本病。

【临床症状和病理变化】雏鸭生长迟缓，喙变软，行走摇晃，不愿走动，常蹲卧，逐渐瘫痪，需拍动双翅移动身体。产蛋鸭表现产蛋减少，壳薄易碎，产软壳蛋或无壳蛋，鸭腿软而无力，步态异常，重者瘫痪。病变可见胸骨变软，呈 S 状弯曲；长骨变形，骨质变软或易折；关节肿大；肋骨与肋软骨结合部出现球状增生，排列成患珠样；鸭喙变软，易扭曲；成年鸭的跖骨易折断；种蛋的孵化率降低，死胎增多，死胚四肢弯曲、腿短、皮下水肿、肾肿大。

【鉴别诊断】

1. 维生素 D 缺乏和钙磷代谢障碍症与锰缺乏症的鉴别

[相似点] 维生素 D 缺乏和钙磷代谢障碍症与锰缺

乏症均有生长迟缓，行走吃力、常以跗关节伏下。

［**不同点**］锰缺乏症的病因是锰缺乏。骨粗短，腓肠肌腱脱出骨槽，胚胎表现体躯短小，腿粗短，头呈圆球样，喙短、弯如鹦鹉嘴。

2. 钙磷代谢障碍症与病毒性关节炎的鉴别

［**相似点**］钙磷代谢障碍症与病毒性关节炎均有关节肿大、跛行，少数关节不能活动，生长受阻，产蛋量下降。

［**不同点**］病毒性关节炎的病原为呼肠孤病毒，有传染性。不愿活动，喜坐跗关节上，常单脚跳。剖检可见跗关节周围肿胀，滑膜囊有出血点，关节腔内有黄色或血色渗出物（慢性干酪样）。酶联免疫吸附试验双抗体夹心法的敏感性很好。

3. 钙磷代谢障碍症与滑液支原体感染的鉴别

［**相似点**］钙磷代谢障碍症与滑液支原体感染均有跗关节肿大，不能站立，跛行。

［**不同点**］滑液支原体感染的病原为支原体，有传染性。关节有热痛，如兼呼吸型还有喷嚏、咳嗽、流鼻液。用商品化的血清平板凝集反应可认定。

4. 钙磷代谢障碍症与胆碱缺乏症的鉴别

［**相似点**］钙磷代谢障碍症与胆碱缺乏症均有生长停滞，腿关节肿胀，运动无力，产蛋率和孵化率下降。

［**不同点**］胆碱缺乏症的病因是胆碱缺乏，骨粗短，跗关节肿胀、有针尖状出血。剖检可见肝肿大、色黄、质脆、表面有出血点，肝易破裂，腹腔有凝血块。

5. 钙磷代谢障碍症与锰缺乏症的鉴别

［**相似点**］钙磷代谢障碍症与锰缺乏症均有生长迟

滞，不愿走动，产蛋量降低。

[**不同点**] 锰缺乏症的病因是缺锰。胫跗关节增大，胫骨下端、跖骨上端弯曲扭转，脱腱，腿关节扁平，无法支持体重。成年鸭产蛋所发育而成的胚胎大多在将出壳时死亡（体躯短小、翅腿短、喙弯曲）。

6. 钙磷代谢障碍症与家禽痛风的鉴别

[**相似点**] 钙磷代谢障碍症与家禽痛风均有关节肿大、跛行，生长缓慢，有的拉稀。

[**不同点**] 家禽痛风是日粮中蛋白质过高而引起的尿酸血症。消瘦，冠苍白，排白色稀粪且含有大量的尿酸和尿酸盐，关节初软而痛，后变硬微痛，形成豌豆大的结节并破裂排出干酪样物。剖检可见内脏表面有尿酸盐薄膜。

【**防制**】

1. 预防措施

注意饲料中维生素 D 和钙、磷的含量及其比例，可能的情况下提供阳光照射。

2. 发病后的措施

处方：患病鸭群添加鱼肝油 10～20 毫升/千克饲料，同时调整好钙磷比例及用量，合理的钙磷比为 2：1，产蛋期为（5～6）：1。对重症鸭可口服鱼肝油胶丸或肌注维丁胶钙。

三、维生素 B_1 缺乏症

维生素 B_1（硫胺素）是体内酶的组成部分，它主要参与能量代谢。硫胺素缺乏时引起禽类厌食及多发性神经炎死亡。

【病因】维生素 B_1 在常用饲料中均很丰富，特别是在米糠、麸皮和饲用酵母中含量更高，每千克中可达 7～16 毫克，植物性蛋白质饲料每千克中的含量也在 3～9 克。因此，家禽的日粮中含有充足的维生素 B_1，正常的饲养管理情况下，无须补充维生素 B_1，也不会发生维生素 B_1 缺乏症。家禽发生维生素 B_1 缺乏症，其主要原因是由于日粮中的维生素 B_1 遭到破坏或有拮抗物质存在所致。如家禽食入大量的生鱼、虾和软体动物内脏等，它们都含有硫胺酶，能破坏维生素 B_1 而造成缺乏症；维生素 B_1 是水溶性的，不耐高温。因此，饲粮被水浸泡、高温蒸煮、碱化处理等均能破坏维生素 B_1 而导致缺乏症。饲料中含有蕨类植物、球虫抑制剂氨丙啉，某些植物、真菌、细菌产生的拮抗物质均能导致硫胺素的缺乏。

【临床症状和病理变化】幼禽患病可早在 2 周龄前发生，发病较突然。表现为精神委顿，厌食，羽毛蓬松，生长不良，贫血与步态不稳。禽类硫胺素缺乏的特殊症状为多发性神经炎。开始脚趾屈肌麻痹，随后向上发展，腿、翅和颈的伸肌麻痹，患禽全身坐于屈曲的腿上，头向后仰，呈"观星"姿势。随后迅速失去站立与直坐能力而倒地。患禽初期食欲下降及体重减轻，羽毛蓬松，腿软无力，步态不稳。以后神经炎症状逐渐明显。有的病禽出现贫血与拉稀。患禽胃肠发炎，十二指肠溃疡与萎缩，肾上腺肥大。生殖器官萎缩，睾丸较卵巢明显。心脏萎缩，右心常扩张，特别是心房。

【实验室诊断】硫胺素的氧化物是具有蓝色荧光的硫

色素，荧光的强弱与维生素 B_1 的含量成正比，可从血、尿、组织和饲料中测定的含量来确诊。

【鉴别诊断】

1. 维生素 B_1 缺乏症与禽李氏杆菌病的鉴别

［相似点］维生素 B_1 缺乏症与禽李氏杆菌病均有羽毛松乱，食欲减退，两肢无力，行动不稳，仰头，两翅下垂，有的乱闯。

［不同点］禽李氏杆菌病的病原为李氏杆菌。离群呆立，下痢，冠髯发绀，皮肤暗紫，腿部阵发抽搐。剖检可见脑膜明显充血，心肌有坏死，心包积液，肝肿大、呈土黄色，有紫血斑和白色坏死。脾肿大、呈紫黑色，腺胃、肌胃黏膜脱落。血检可见排列"V"形的革兰氏阳性小杆菌。维生素 B_1 缺乏症患禽全身坐于屈曲的腿上，头向后仰，呈"观星"姿势。

2. 维生素 B_1 缺乏症与禽脑脊髓炎的鉴别

［相似点］维生素 B_1 缺乏症与禽脑脊髓炎均有羽毛松乱，共济失调，步态不稳，翅、腿出现麻痹。

［不同点］禽脑脊髓炎的病原为脑脊髓炎病毒。表现迟钝，走几步即蹲下，常以跗关节着地，驱赶走路时用跗关节着地和拍翅膀，部分晶体浑浊或眼球增大失明。剖检可见脑膜充血、出血，肌胃肌层有散在的灰白区。用荧光抗体阳性鸭检查可见黄绿色荧光。维生素 B_1 缺乏症患禽全身坐于屈曲的腿上，头向后仰，呈"观星"姿势。

3. 维生素 B_1 缺乏症与维生素 B_2 缺乏症的鉴别

［相似点］维生素 B_1 缺乏症与维生素 B_2 缺乏症均有

行走困难，趾腿麻痹不能行走，生长不良，消瘦。

［不同点］维生素 B_2 缺乏症的病因是维生素 B_2 缺乏，雏鸭 1～2 周腹泻，食欲良好，足趾向内弯曲，以跗关节着地，张开翅膀保持平衡。随后两腿瘫痪，皮肤干而粗糙。成年鸭瘫痪。孵化率下降，胎胚结节状绒毛、颈部弯曲，躯体短小，关节水肿，贫血。

4. 维生素 B_1 缺乏症与维生素 B_6 缺乏症的鉴别

［相似点］维生素 B_1 缺乏症与维生素 B_6 缺乏症均有减食，生长不良，贫血，抽搐，头偏向一侧奔跑。剖检可见皮下水肿。

［不同点］维生素 B_6 缺乏症的病因是维生素 B_6 缺乏。双脚神经性颤动，惊厥时奔跑，翅膀扑击，翻仰时头腿急剧摆动至衰竭而死。剖检可见内脏稍肿，脊髓外周神经变性。

5. 维生素 B_1 缺乏症与黄曲霉毒素中毒的鉴别

［相似点］维生素 B_1 缺乏症与黄曲霉毒素中毒均有沉郁，减食，羽毛松乱，消瘦，贫血，运动失调，两脚麻痹，角弓反张。

［不同点］黄曲霉毒素中毒的病因是吃了黄曲霉污染的饲料而发病。排血便，冠髯苍白，成年鸭的产蛋率和孵化率均下降，剖检可见肝肿大，有的凹凸不平，凸处呈灰褐色或棕黄色，凹处呈灰白色、还有结节；用紫外线照射所用饲料可见到亮黄绿色荧光（G 族毒素）或蓝紫色荧光（B 族毒素）。维生素 B_1 缺乏症的病因是缺乏维生素 B_1，患禽全身坐于屈曲的腿上，头向后仰，呈"观星"姿势。

【防制】

1. 预防措施

平时应按营养需要，在日粮中提供足够的维生素 B_1。消除对其产生破坏的因素，如喂给禽类蒸煮过的鲜鱼虾以破坏其硫胺酶。

2. 发病后的措施

处方 1：每千克饲料中添加 10～20 毫克维生素 B_1 粉，连用 7～10 天。饮水中添加复合维生素 B 溶液，每 100 羽每日加 50～80 毫升，每天 2 次，连用 2～3 天。

处方 2：口服维生素 B_1，2.5 毫克/千克体重（重病不吃时可肌内或皮下注射，0.25～0.5 毫克/千克体重）。

处方 3：盐酸硫胺注射液，按 0.25～0.5 毫克/千克体重的剂量，肌内注射。个别病重禽肌内注射维生素 B_1，每只 0.5 毫升，见效甚快。或灌服复合维生素 B 溶液 0.5～1.0 毫升，每天 2 次，1～3 天症状消失。

四、核黄素（维生素 B_2）缺乏症

核黄素缺乏症（蜷趾麻痹症）是由维生素 B_2 缺乏导致的以物质代谢中的生物氧化机能障碍为特征的疾病。

【病因】 禽类对维生素 B_2 的需求量大于维生素 B_1，而在谷类籽实和糠麸里维生素 B_2 的含量又低于维生素 B_1，日粮中不添加维生素 B_2 导致其含量不足；饲料发霉变质导致维生素 B_2 被破坏；胃肠道影响核黄素的转化和吸收。多发生于雏鸭。

【临床症状和病理变化】 种禽缺乏则见蛋有死胚，雏禽脚趾蜷曲，绒毛稀少呈结节状，卵黄吸收慢。雏禽消瘦、贫血、腹泻。患禽跗关节以下呈麻痹状态，趾爪向

内蜷缩，似握拳状，以关节着地支撑躯体，用踝部行走。两腿叉开似游泳状。不能支撑者则伏卧或横卧在地。将蜷缩的趾爪人为地分开后，仍然不自主地重新蜷缩，腿部肌肉萎缩和松弛。机体消瘦，羽毛粗糙，背部脱毛，皮肤干而粗糙，有结膜炎和角膜炎。

病理变化为臂神经和坐骨神经肿大、变软，有时直径比正常时大 4～5 倍，质地柔软而失去弹性，呈黄色外观。肝肿大，质脆，含脂肪较多。关节腔有淡黄色黏液，间隙组织增生。病鸭极度消瘦，整个消化道比较空虚，仅有泡沫状内容物，肠壁变薄，胃肠道黏膜萎缩。

【鉴别诊断】

1. 维生素 B_2 缺乏症和禽脑脊髓炎的鉴别

[**相似点**] 维生素 B_2 缺乏症和禽脑脊髓炎均有不愿走路，常以跗关节着地，趾关节跷曲，腿麻痹，生长受阻，较瘦。

[**不同点**] 禽脑脊髓炎的病原为禽脑脊髓炎病毒，头颈部震颤，驱赶时以跗关节走路和拍翅膀。一侧或两侧晶体浑浊，眼球增大，失明。剖检可见脑膜充血、出血，肌胃肌层有散在的灰白区。用荧光抗体技术（FA），阳性禽的组织中可见黄绿色荧光。

2. 维生素 B_2 缺乏症和维生素 B_1 缺乏症的鉴别

[**相似点**] 维生素 B_2 缺乏症和维生素 B_1 缺乏症均有行走困难，趾腿麻痹，生长不良，消瘦。

[**不同点**] 维生素 B_1 缺乏症的病因是维生素 B_1 缺乏，食欲减退，贫血，趾屈肌麻痹，而后向腿肢延伸，角弓反张如"观星"状。体温下降。

3. 维生素 B$_2$ 缺乏症和锰缺乏症的鉴别

[**相似点**] 维生素 B$_2$ 缺乏症和锰缺乏症均有生长缓慢，不能行走，以跗关节着地，产蛋率下降，胚胎、体躯短小。

[**不同点**] 锰缺乏症的病因是锰缺乏，胫骨下端、跖骨上端弯曲扭转，腓肠肌腱脱出骨槽，胚胎、翅短，腿粗短，头呈圆球形，喙短、弯曲似鹦鹉嘴。

【防制】

1. 预防措施

注意日粮配合，添加蚕蛹、啤酒酵母、脱脂乳、三叶草等富含维生素 B$_2$ 的饲料。注意饲料储存，防止发生霉变。

2. 发病后的措施

处方 1：每千克饲料中添加 10～20 毫克维生素 B$_2$ 粉，连用 7 天。饮水中添加复合维生素 B 溶液，每 100 羽每日加 50～80 毫升，每天 2 次，连用 2～3 天。严重的病鸭肌内注射维生素 B$_2$ 针剂，成禽每只 5～8 毫克，雏禽 3～5 毫克。或口服维生素 B$_2$ 片，雏禽 0.2～0.5 毫克，育成禽 5～6 毫克，种母禽 10 毫克，连用 7 天。

处方 2：每千克饲料中添加核黄素 20 毫克/千克日粮，连用 1～2 周。严重的病鸭参见处方 1。

五、泛酸（维生素 B$_3$）缺乏症

泛酸是两种重要辅酶的组成部分，与脂肪代谢的关系极为密切。

【病因】泛酸缺乏症通常与饲料中的泛酸量不足有关，尤其是饲料加工过程中的加热会造成泛酸的较大损

失。特别是当长时间处于 100℃ 以上高温加热而且 pH 偏碱或偏酸的情况下，损失更大。长期饲喂玉米，也可引起泛酸缺乏症。泛酸缺乏主要损伤神经系统、肾上腺皮质和皮肤。

【临床症状和病理变化】特征症状是皮炎、羽毛生长受阻和粗糙。病禽衰弱消瘦、口角、眼睑以及肛门周围有局限性的小结痂，眼睑常被黏性渗出物黏着，头部、趾间或脚底发生小裂口、结痂、出血或水肿，裂口加深后行走困难。有些腿部皮肤增厚、粗糙、角质化，甚至脱落。羽毛零乱，头部羽毛脱落。骨粗短，甚至发生滑腱症。而雏鸭则表现为生长缓慢，但死亡率高。

【鉴别诊断】

泛酸（维生素 B$_3$）缺乏症与螨病的鉴别

［相似点］泛酸（维生素 B$_3$）缺乏症与螨病均有腿部肿大，消瘦。

［不同点］螨病的病原是螨，在腿无毛处有大量的皮屑和痂皮，似附着一层石灰，刮去皮屑镜检可见到螨虫。

【防制】

1. 预防措施

饲喂酵母、麸皮和米糠、新鲜青绿饲料等富含泛酸的饲料可以防止本病的发生；合理配合饲料，添加泛酸钙，每千克饲料 10～15 毫克。

2. 发病后的治疗

处方 1：患禽可在饲料中添加正常用量 2～3 倍的泛酸，并补充多种维生素。

处方 2：口服或肌内注射泛酸，每只每日每次 10～20 毫克，每天 1～2 次，连用 2～3 天。

六、烟酸缺乏症

烟酸又称尼克酸，它与烟酸酰胺（尼克酰胺）均系吡啶衍生物，属于维生素 PP（又称癞皮病维生素），是动物体内营养代谢必需的物质。缺乏了易引起口炎、下痢、关节肿大。

【病因】白玉米缺乏色氨酸、维生素 B_{12}、维生素 B_6，长期饲喂白玉米均能引起烟酸缺乏；长期在饲料中使用抗生菌，使胃肠道微生物减少，致使肠道合成烟酸更少；胃肠有疾病（热性病、寄生虫、腹泻）可影响烟酸的合成和吸收。

【临床症状】鸭生长停滞，发育不全，羽毛稀少为特征症状，多见于幼雏，皮肤发炎，有化脓性结节，腿部关节肿大，骨粗短，腿部弯曲（腱不滑脱），雏鸭口膜发炎，消化不良，下痢。鸭腿关节韧带和腱松弛；成年鸭腿呈弓形弯曲，严重时能致残，足和皮肤有鳞状皮炎。

【病理变化】许多器官萎缩，皮肤角化过度而肥厚，胃肠黏膜萎缩。盲肠、结膜黏膜上有豆渣样覆盖物，肠壁增厚而易碎，肝萎缩并有脂肪变性。

【鉴别诊断】

1. 烟酸（尼克酸）缺乏症与禽痘（皮肤型）的鉴别

[相似点] 烟酸（尼克酸）缺乏症与禽痘（皮肤型）均有腿部皮肤有小结节。

[不同点] 禽痘的病原为禽痘病毒。在无毛或毛稀少的冠髯、眼睑、喙角、翼下、泄殖腔周围、腹部及腿部

均出现灰白色结节，增至绿豆大，凹凸不平呈硬结节状；取痂皮、假膜制成悬液接种易感鸭，接种2～3天后接种部位可见痘肿。

2. 烟酸（尼克酸）缺乏症与滑液支原体感染的鉴别

［**相似点**］烟酸（尼克酸）缺乏症与滑液支原体感染均有羽毛松乱，生长缓慢，关节发炎，下痢。

［**不同点**］滑液支原体感染的病原为滑液支原体。关节有热痛，粪绿色、含有大量的尿酸盐。如兼呼吸型还有喷嚏、咳嗽、流鼻液。剖检可见关节液由清亮变浑浊至干酪样。严重时关节呈黄红色，关节软骨糜烂，用血清平板凝集反应可以测定。烟酸（尼克酸）缺乏症腿关节韧带松弛，成年鸭腿呈弓形弯曲，剖检可见皮肤角化、增厚，盲肠、结肠黏膜上附有豆腐渣样覆盖物，肠壁增厚、易碎。

【**防制**】应针对发病原因采取措施，调整日粮中的玉米比例或添加色氨酸、啤酒糟、米糠、麸皮、豆类、鱼粉等富含烟酸的饲料，对病雏每吨饲料添加15～20克烟酸，如肝有疾病时可配合应用胆碱或蛋氨酸进行防治。

七、维生素 E-硒缺乏症

维生素 E-硒缺乏症又名白肌症，是因缺乏维生素 E 和硒而引起的营养代谢病。维生素 E 是抗不育维生素的总称，它不仅是正常生殖机能所必需的微量物质，而且还是饲料中的必需脂肪酸和不饱和脂肪酸、维生素 A、维生素 D_3、胡萝卜素及叶黄素等的一种重要的保护剂（可抗氧化），与硒的作用之间存在着一种特殊的关系，能够协同防止幼禽的渗出性素质和幼禽的肌营养不良。硒和维生素 E 缺乏，可使机体的抗氧化机能出现障碍，临床上以渗出性素质、脑软化和白肌病等为特征的一种营养代谢病。

【病因】日粮中缺乏含维生素 E 的饲料或饲料保存、加工不当、维生素 E 被破坏，或含硫氨基酸缺乏时，容易发生维生素 E 缺乏症；球虫病及其他慢性胃、肠道疾病，可使维生素 E 的吸收利用率降低而导致缺乏；环境中镉、汞、铜、钼等金属元素与硒之间有拮抗作用，可干扰硒的吸收和利用。

【临床症状和病理变化】白肌病（肌营养不良）多发于 4 周龄左右的雏禽，当维生素 E 和含硫氨基酸同时缺乏时，可发生肌营养不良。表现为全身衰弱，运动失调，无法站立。可造成大批死亡。一般认为单一的维生素 E 缺乏时，以脑软化症为主；在维生素 E 和硒同时缺乏时，以渗出性素质为主；而在维生素 E、硒和含硫氨基酸同时缺乏时，以白肌病为主。

患脑软化症的病雏可见小脑柔软和肿胀，脑膜水肿，小脑表面出血，脑回展平，脑内可见一种呈现黄绿色浑浊的坏死区。患渗出性素质的病雏，皮下可见有大量淡蓝绿色的黏性液体，心包内也积有大量的液体。白肌病病例，可见肌肉（尤其是胸肌）呈现灰白色条纹（肌肉凝固性坏死所致）。

【鉴别诊断】

1. 维生素 E-硒缺乏症与禽脑脊髓炎的鉴别

[相似点] 维生素 E-硒缺乏症与禽脑脊髓炎均有精

神沉郁，共济失调，行走不便，不能站立。成年禽的产蛋率、孵化率下降。剖检可见脑膜充血、出血。

[**不同点**] 禽脑脊髓炎的病原为脑脊髓炎病毒（AEV），有传染性，暴发时出壳后即陆续发病，3 天后出现麻痹，头颈部震颤，部分存活禽一侧或两侧晶体浑浊或浅蓝色失明。剖检可见肌胃、肌层有散在的灰白区，中枢神经元变性，胶质细胞增生和血管套现象。用荧光抗体技术（FA），阳性禽的组织中可见黄绿色荧光。

2. 维生素 E-硒缺乏症与维生素 B$_6$ 缺乏症的鉴别

[**相似点**] 维生素 E-硒缺乏症与维生素 B$_6$ 缺乏症均有向前乱闯，有神经紊乱，成年禽的产蛋率、孵化率下降。

[**不同点**] 维生素 B$_6$ 缺乏症的病因是维生素 B$_6$ 缺乏。多因饲料过分暴晒遭紫外线照射而导致维生素 B$_6$ 损失，小鸭双脚颤动，跑时翅膀扑击，倒向一侧或翻仰在地，头脚急剧摆动至衰竭而死。剖检可见皮下水肿，内脏肿胀，脊髓外周神经变性。

【防制】

1. 预防措施

维生素 E 在新鲜的青绿饲料和青干草中的含量较多，籽实的胚芽和植物油等中的含量丰富，要多喂些青绿饲料、谷类，同时在饲料中添加足够量的亚硒酸钠，保持氨基酸平衡，防止饲喂霉变和酸败的饲料。

2. 发病后的措施

处方 1：每千克日粮添加维生素 E 250 国际单位或植物油10 克，亚硒酸钠 0.2 毫克，蛋氨酸 2～3 克，连用 2～3 周。

处方 2：每只喂服 300 国际单位的维生素 E，同时每千克饲料中补充含硒 0.05～0.1 毫克的硒制剂，也可用含硒 0.1 毫克/升的亚硒酸钠水饮服，每千克饲料补充蛋氨酸 0.2 毫克。

处方 3：川芎地龙汤饮水。当归、地龙各 0.1 克，川芎 0.05 克，煎煮取汁，每只每天饮用，饮用前需停水 2 小时，连用 3 天。

八、锰缺乏症

【病因】锰缺乏的病因有三个：一是因母畜（禽）缺锰引起幼畜（禽）先天性缺锰所致；二是饲料中锰元素的含量不足；三是饲料中钙、磷、铁、钴的含量过大，影响了锰的吸收。在肠道内，锰与钙、磷、铁、钴有共同的吸收部位，日粮中这些元素的含量过高，可竞争性地抑制锰的吸收，造成锰的缺乏；禽患球虫病等胃肠疾病时，妨碍锰的吸收。

【临床症状】膝关节异常肿大，病禽腿部弯曲或扭转，不能站立；产蛋母禽蛋的孵化率显著下降，胚胎在出壳前死亡；胚胎表现腿短而粗，翅膀变短，头呈球形，鹦鹉嘴，腹膨大。对病雏进行解剖检查，可见双腿或单腿跟腱向内或向外滑脱；大多数病雏表现胫骨髁（外髁或内髁）显著肿大，髁间沟变平坦。

【鉴别诊断】

1. 锰缺乏症与钙磷缺乏和比例失调症的鉴别

［相似点］锰缺乏症与钙磷缺乏和比例失调症均有生长迟滞，跗关节增大，不愿走动，蛋的孵化率下降。

［不同点］钙磷缺乏和比例失调症的病因是钙磷缺乏和比例失调。雏禽喙和爪易弯曲，肋骨末端呈串珠状小结节，成年禽后期胸骨呈"S"状弯曲，肋骨失去硬度

而变形。剖检可见骨变薄，骨髓腔变大。血磷低于正常水平，血钙在后期下降。

2. 锰缺乏症与病毒性关节炎的鉴别

［相似点］锰缺乏症与病毒性关节炎均有生长缓慢，跗关节肿大，关节不灵活，不愿走动，跛行，喜坐跗关节上。

［不同点］病毒性关节炎的病原为呼肠孤病毒，有传染性，重时单脚跳。剖检可见关节腔内有黄色或血色渗出物、脓或干酪样物，腓肠肌腱与周围组织粘连。酶联免疫吸附试验双抗体夹心法具有较高的特异性和敏感性。

3. 锰缺乏症与维生素 D 缺乏症的鉴别

［相似点］锰缺乏症与维生素 D 缺乏症均有生长迟缓，行走吃力，常以跗关节伏下。

［不同点］维生素 D 缺乏症的病因是维生素 D 缺乏，缺少阳光照射，2～3 周龄发病。喙爪柔软，成年鸭龙骨变软，胸骨常弯曲，肋骨沿胸骨呈内向弧形。剖检可见骨质软、易折断。

4. 锰缺乏症与维生素 B_2 缺乏症的鉴别

［相似点］锰缺乏症与维生素 B_2 缺乏症均有生长缓慢，不能行走，以跗关节着地，蛋的孵化率低，胚胎表现体躯短小。

［不同点］维生素 B_2 缺乏症的病因是维生素 B_2 缺乏，足趾向内踡曲，常张开翅膀以求平衡，两腿瘫痪，胚胎有结节状绒毛，关节变形、水肿，贫血，即使孵化出也先天麻痹、体小而浮肿。

5. 锰缺乏症与胆碱缺乏症的鉴别

[**相似点**] 锰缺乏症与胆碱缺乏症均有生长停滞，骨粗短，跗骨弯曲，跟腱滑脱，蛋的孵化率下降。

[**不同点**] 胆碱缺乏症的病因是胆碱缺乏。跗关节轻度水肿，并有小出血点，后期关节扁平、弯曲成弓。剖检可见肝色黄、质脆、有出血点，肝膜或肝有破裂并在腹腔有凝血块。

6. 锰缺乏症与生物素缺乏症的鉴别

[**相似点**] 锰缺乏症与生物素缺乏症均有生长缓慢，骨粗短，孵化的胚胎表现骨骼粗短，翅短，腿短，喙弯曲如鹦鹉嘴。

[**不同点**] 生物素缺乏症的病因是生物素缺乏。羽毛干燥变脆，趾爪、喙底、眼四周的皮肤发炎，第三、第四趾间的蹼延长。

【**防制**】

1. 预防措施

饲料中加入一定量的米糠，可防止锰缺乏症。

2. 发病后的措施

处方：每千克饲料中加硫酸锰 0.1～0.2 克或 0.005%～0.01%高锰酸钾溶液饮水，连喂 2 天，停 2～3 天后再喂。

九、啄癖

【**病因**】 鸭啄癖是由多种原因引起的综合性症状，如营养代谢紊乱，饲料中缺少某些矿物质、维生素和微量元素或各种营养成分比例失当，饲养密度过大，舍内通风不良、潮湿闷热，光线太强或太弱等因素都可以引起本病的发生。

【临床症状】啄癖的症状较为明显，很容易诊断。根据啄食的部位，可分为啄羽癖（常发生于产蛋母鸭，表现为互相啄食羽毛，或啄食自己的羽毛，造成羽毛蓬乱脱落，皮肤出血破损，严重者消瘦、贫血、衰竭而死）、啄肛癖（多发生于产蛋母鸭，由于产蛋后泄殖腔不能回缩，造成脱肛，引起互相争啄）、啄蛋癖（多发生于产蛋旺季，饲料中钙及蛋白质不足时常易发生）。

【防制】饲料品种要多样化，特别是要有丰富的蛋白质、矿物质和维生素，以满足鸭的需要，并保证含有0.3%的食盐。每天饲喂的顿数和时间要固定。要经常保持舍内、外良好的卫生条件。运动场要宽敞，使鸭能够自如地运动。如果鸭群太大，可分群饲养。

及时将有啄癖的鸭只剔出来，进行隔离饲养，防止啄癖扩大。同时迅速查出病因，以便采取相应的措施。如因日粮中某些成分不足，则应立即予以补充。如属饲养管理不当所造成的，则应立即予以纠正。在鸭发生啄羽时，可在饲料中添加含硫的矿物质成分，如石膏粉等，每天给予0.5～3克，啄羽癖很快消失，效果很好。

十、脂肪肝综合征

脂肪肝综合征是指鸭体内脂肪代谢障碍，大量脂肪沉积于肝脏，从而引起肝脏发生脂肪变性的一种疾病。本病多发生于冬季和早春季节，临诊上主要见于肉雏鸭和营养良好的产蛋鸭。

【病因】长期给鸭饲喂单一的能量饲料；青饲料缺

乏、放牧少、缺乏户外运动等诱发该病。

【临床症状】 在育肥期的肉用鸭群以及产蛋高的鸭群或产蛋高峰期多发，病鸭通常体况良好而突然发生死亡。产蛋鸭发病时表现为产蛋量明显下降，有的在产蛋过程中死亡；有的在捕捉时由于惊吓而死亡。

【病理变化】 皮肤和肌肉苍白、贫血，皮下、腹腔和肠系膜均有大量的脂肪沉积。肝脏肿大，呈黄褐色脂肪变性，肝脏质脆、易碎，表面有出血斑点。腹腔内有大量的凝血块，或肝表面覆有血凝块，常以一侧肝叶多见。

【鉴别诊断】

鸭脂肪肝综合征与鸭腹水的鉴别

[**相似点**] 鸭脂肪肝综合征与鸭腹水均由于日粮中能量过高而发病，均有腹大而柔软下垂、喜卧等临床症状。

[**不同点**] 鸭腹水的病因除日粮能量多、含脂肪和蛋白多外，缺氧、寒冷也为致病因素，病鸭腹部膨大，触之松软有波动感，行动迟缓、蹒跚，常蹲伏，嗜睡，呼吸困难。捕捉时易抽搐死亡。剖检可见皮下明显淤血，腹腔积有大量的纤维素或絮片的清亮、茶色或啤酒样积液，肝脏边缘钝圆，质地变硬，包膜增厚等。鸭脂肪肝综合征腹腔内有大量的凝血块，或肝表面覆有血凝块，常以一侧肝叶多见。

【防制】

1. 预防措施

① 对于产蛋鸭应适当控制稻谷的喂量，并在饲料中添加多种维生素和微量元素；对于肉用鸭应控制配合饲料的饲喂量。

② 消除诱发因素，禁喂霉变饲料；舍养的产蛋鸭应增加户外活动量。

③ 在产蛋前要实行限饲，以控制体重。开产后应提高蛋白质 1%～2%，并加入一定量的麦麸（麦麸中含有控制脂肪代谢的必要因子）。此外，在日粮中增加富含亚油酸的饲料也可降低发病率。

2. 发病后的措施

处方：患病鸭群应适当降低高能量和高蛋白饲料的比例，并实行限饲。每千克饲料中添加氯化胆碱 1 克、维生素 E 10000 国际单位、维生素 B_{12} 12 毫克、肌醇 900～1000 毫克，连续饲喂；或每只鸭喂服氧化胆碱 0.1～0.2 克，连服 10 天。

十一、痛风

痛风是由于多种原因引起的尿酸在血液中大量蓄积，以致关节、内脏和皮下结缔组织发生尿酸盐沉积而引起的一种营养代谢病。临床上以行动迟缓、关节肿大、跛行、厌食、腹泻为特征。本病多发生于青绿饲料缺乏的寒冬和早春季节，不同品种和日龄的水禽均可发生，但临床上主要见于雏鸭。

【病因】本病发生的原因较为复杂，各种外源性、内源性因素导致血液中尿酸水平增高和肾功能障碍，在血液中尿酸水平升高的同时肾脏排泄尿酸的数量也增高，并损害肾脏，发生尿酸盐阻滞，反过来又促使血液中尿酸水平更加增高，造成恶性循环。临床常见的致病因素有以下几种。

① 长期饲喂大量的动物内脏（肝、肾、脑、胸腺、

胰腺)、肉粉、鱼粉、大豆、豌豆、莴苣、菠菜、开花的白菜等富含蛋白质和核蛋白的饲料，缺乏充足的维生素A和维生素D，矿物质含量比例失调（饲料中含钙、镁、钼、铜过高）。临床发现番鸭鸭胚和出壳不久的雏鸭呈现典型的内脏痛风病变，可能与母鸭维生素A缺乏、日粮中含多量的动物性饲料等有关。

② 某些药物使用不当、过量、中毒等引起肾脏损害，促进尿酸血症的发展，如饲喂磺胺类药物过多、慢性铅中毒等。

③ 管理不善，鸭舍拥挤潮湿阴冷，缺乏运动，日光照射不足，特别是雏鸭长途运输，缺乏饮水等，均可诱发本病。

【临床表现和病理变化】根据尿酸盐沉积的部位，可分为内脏型和关节型。

(1) 内脏型　常见于1～2周龄的雏鸭，也可见于青年鸭或成年鸭。雏鸭患病后精神委顿，缩头垂翅；出现明显症状时常食欲废绝，两肢无力，消瘦，衰弱，脱水，喙和脚蹼干燥，排石灰样或白色奶油样半黏稠状的粪便，病死率高。蛋鸭产蛋量减少或停止。感冒通中毒，可呈现急性病例，病程短，死亡快。病鸭皮下尤其是两翅肋下见有尿酸盐沉积。心包积水，肝肿大、质脆，肾肿大、色泽变浅，切面有白色微粒，表面有尿酸盐沉积形成的白色斑点。输卵管常肿大，管腔充满石灰样沉淀物，外面也包裹一层尿酸盐。病情严重的成年鸭的心、肝、脾和肠系膜、腹膜的表面也覆盖有尿酸盐沉着物。

(2) 关节型　较少发生，病鸭脚趾和腿部关节出现豌豆至蚕豆大的黄色坚硬结节，溃破则流出白色稠膏状的尿酸盐，腿软无力，运动迟缓，站立姿势异常。全身症状与内脏型痛风相似。可见到关节表面和关节周围组织中有白色的尿酸盐沉积物；切开肿大的关节则流出白色黏稠含有尿酸盐的液体。有些关节表面发生糜烂。

【鉴别诊断】

1. 痛风与病毒性关节炎的鉴别

［**相似点**］痛风与病毒性关节炎均有食欲减退，消瘦，贫血，关节肿胀，跛行。

［**不同点**］病毒性关节炎的病原为呼肠孤病毒，喜坐于关节上，驱赶时勉强走动，重时单脚跳。剖检可见关节腔呈淡红色，滑膜囊充血、出血，关节腔有黄色或血色干酪样渗出物。酶联免疫吸附试验双抗体夹心法有较高的特异性和敏感性。

2. 痛风与滑液支原体感染的鉴别

［**相似点**］痛风与滑液支原体感染均有关节肿胀，跛行，冠苍白，贫血，消瘦，粪中有大量的尿酸和尿酸盐。

［**不同点**］滑液支原体感染的病原为滑液支原体。关节热肿、疼痛，呼吸型还有喷嚏、咳嗽，流鼻液。剖检可见腱鞘、滑膜、骨关节发炎、有渗出干酪样物，关节软骨糜烂。严重时头顶、颈上方出现干酪样物，肝脾肿大。用0.02毫升的血清与等量抗原在玻璃板上混合，将玻璃板轻微转动观察凝集反应。

3. 痛风与钙磷缺乏和比例失调症的鉴别

［**相似点**］痛风与钙磷缺乏和比例失调症均有关节肿大、跛行，生长缓慢，有的拉稀。

[**不同点**] 钙磷缺乏和比例失调症的病因是钙磷缺乏和比例失调。走路僵硬，幼禽喙爪弯曲，肋骨末端有串珠小结节，产薄壳蛋、软壳蛋。后期胸骨呈"S"状弯曲。剖检可见骨体变薄、易折断。

4. 痛风与禽弓形虫病的鉴别

[**相似点**] 痛风与禽弓形虫病均有厌食，消瘦贫血，冠苍白，排白色稀粪，步态不稳。

[**不同点**] 禽弓形虫病的病原为弓形虫，震颤，痉挛性收缩，角弓反张，歪头转圈。剖检可见心室轻度扩张，心包有红色液体，外有圆形结节，腺胃壁增厚有溃疡。小肠有结节且明显增厚，肝肿大、有凝固性坏死。用腹腔液涂片可见虫体。痛风有饲喂过量的蛋白质饲料或长期使用对肾脏有损害的抗菌药物的病史，内脏器官表面和其他组织器官沉积大量尿酸盐的特征性病理变化。

【防制】

1. 预防措施

科学合理地配制日粮，不宜过多饲喂动物性蛋白质和发酵饲料。钙、磷比例要适当，同时应提供足够的新鲜的青绿饲料，补充维生素 A，并给予充足的饮水；加强饲养管理，增加适当的运动，保证充足的饮水。在预防用药时，慎用对肾脏有毒害作用的抗菌药物，更不宜长期或过量使用。还要注意防止慢性铅、钼中毒。

2. 发病后的措施

目前还没有特效疗法，应尽可能除去病因，可试用能增强尿酸盐排泄的药物治疗。注意给予充足的清洁的饮水，并在饮水中添加 0.05% 高锰酸钾或 0.4%～0.7%

碘化钾，或应用消除肾脏肿大、控制尿酸盐沉积的复合无机盐制剂，以利于尿酸盐的排出。

处方 1：阿托方（苯基喹啉羟酸），每羽每次口服 0.2～0.5克，每天 2～3 次，可提高肾脏排泄尿酸盐的能力，减轻关节疼痛，但长期使用对肝有不良影响。每羽肌内注射硫胺素注射液 5毫克，每天 1 次，连用 3～5 天，对重症病鸭的疗效较佳。

处方 2：每羽肌内注射硫胺素注射液 5 毫克，每天 1 次，连用 3～5 天，对重症病鸭的疗效较佳。

十二、鸭腹水症

鸭腹水症是多种因素引起的一种综合征，临床上以腹腔积液、腹围下垂为特征。近年来一些养鸭场常有该病的发生，发病率达 5%～25%，因其死淘率增加而造成不小的损失。

【病因】

1. 营养因素

高能量的日粮，使发育中的肉鸭生长过速，对氧的需求量增加，加之饲养环境缺氧，例如寒冷季节、饲养密度过大、通风不良、舍内二氧化碳或一氧化碳浓度过高，此外，饮水或日粮中的钠盐增加，维生素 E、硒缺乏等，均可能促进腹水症的发生。

2. 真菌毒素

日粮中谷物发霉，肉骨粉或鱼粉霉败，均产生大量的真菌毒素，导致本病的发生。

3. 化学毒物因素

我国某些地区在日粮中添加"油脚"以提高日粮的

能量，但其中含有有害物质二联苯氯化物，可导致本病的发生。

4. 高海拔地区饲养

由于高海拔地区缺氧，引起组胺增加，使机体组织血管扩张，肺动脉压增加，右心扩张衰竭，导致腹水症。

此外，遗传因素、某些细菌毒素（如大肠杆菌、分枝杆菌等）、淀粉样肝病或肝硬化，也可导致腹水症的发生。

【临床症状】多见于 2～7 周龄发育良好、生长速度较快的鸭，尤其是公鸭多发。初期症状是喜卧，不愿走动，精神委顿，羽毛蓬乱，后腹部膨大，触之松软有波动感，行动迟缓、蹒跚，常蹲伏，嗜睡，呼吸困难。捕捉时易抽搐死亡。病鸭常在腹水出现后 1～2 天死亡。

【病理变化】可见喙缘、脚蹼及骨骼肌发绀。剖开腹腔可见大量清亮、茶色或啤酒样积液，积液中或有纤维素、絮状凝块。心脏体积增大，质地变软，右心室极度扩张，心壁变薄，右心房内充满血凝块，心包积液。肝脏边缘钝圆，质地变硬，包膜增厚等。肺充血和水肿。肾充血、肿胀。

【鉴别诊断】

1. 鸭腹水症与鸭脂肪肝综合征的鉴别

[相似点]鸭腹水症与鸭脂肪肝综合征均由于日粮中能量过高而发病，均有腹大而柔软下垂、喜卧等临床症状。

[不同点]鸭脂肪肝综合征的病因是长期给鸭饲喂单一的能量饲料，青饲料缺乏、放牧少、缺乏户外运动等

诱发该病。病鸭通常体况良好而突然发生死亡。皮肤和肌肉苍白、贫血，皮下、腹腔和肠系膜均有大量的脂肪沉积。腹腔内有大量的凝血块，或肝表面覆有血凝块，常以一侧肝叶多见。鸭腹水症病鸭腹部膨大，触之松软有波动感，常蹲伏，呼吸困难。剖检可见皮下明显淤血，腹腔积有大量的纤维素或絮片的清亮、茶色或啤酒样积液，肝脏边缘钝圆，质地变硬，包膜增厚等。

2. 鸭腹水症与鸭伤寒的鉴别

［**相似点**］鸭腹水综合征与鸭伤寒均有羽毛松乱，翅下垂，腹部膨大，如企鹅样站立或走动（卵泡破裂引起腹膜炎）等临床症状。

［**不同点**］鸭伤寒是细菌性传染病，其病原为沙门杆菌，具有传染性。病鸭精神不振，黄绿色稀粪，肛门处粘有污粪。剖检胸腔有积液，心包膜增厚，心管有血点，肝和肝囊肿大，充满多量的绿色油状胆汁，胆囊和黏膜粗糙并呈现坏死点，卵泡出血、变形。

【防制】

1. 预防措施

改善饲养管理和环境卫生条件，控制饲养密度，保持舍内空气清新、氧气充足，在冬季要妥善处理好通风与防寒保温的关系；在每千克饲料中添加维生素 C 500毫克、维生素 E 2 毫克、亚硒酸钠 0.1 毫克；早期限饲，合理配制日粮。控制生长速度或适当降低饲料的能量。不饲喂发霉的饲料。

2. 发病后的措施

一旦发生腹水症，难以治愈，但要调查清楚可能的发病原因，并采用下列措施减少死亡及控制其继续发病。

处方：减少日粮中氯化钠的含量，可口服解肾利尿药。饲料中添加 0.5%～1% 维生素 C，同时每千克饲料加 1 克维生素 E 和 0.05 毫克硒。并可选用一些广谱抗生素，以防止继发细菌性感染。

第四章 鸭中毒性疾病的类症鉴别与防治

一、黄曲霉毒素中毒

鸭食入带有黄曲霉毒素的饲料引起的一种霉菌毒素中毒病。

【病因】 黄曲霉毒素有十几种，其中以黄曲霉毒素 B_1 的毒性最大，家禽少量食入即可引起慢性肝损害，若食入量过大，可引起肝炎，若长期食入，则可引起肝癌。雏鸭的敏感性高。在温暖潮湿的地区或季节，玉米、花生、大米等被产毒黄曲霉污染，鸭、鹅吃了这种饲料即可发生中毒。

【临床症状和病理变化】 雏鸭中毒多表现为急性发病，有时见不到明显症状即迅速死亡。病程稍长的病雏，食欲废绝，鸣叫，掉毛，步态不稳，运动失调或跛行，脚、腿部皮下呈紫红色；并出现黄疸。病雏死亡时头颈呈角弓反张，死亡率高。成年鸭急性中毒症状与雏禽相似，且饮水增加，腹泻，排绿色稀粪；慢性中毒的症状不明显，表现为食欲缺乏，消瘦，贫血，衰弱。病程长者可发展为肝癌，最后衰竭死亡。

急性病例的肝脏肿大，变软，无弹性，颜色变淡呈黄白色，有出血点。肾脏苍白，稍肿大。慢性病例的肝脏变黄，逐渐硬化，体积缩小，常分布白色点状或结节状病灶。病程长者，常形成肝脏小肿瘤结节，心包腔或腹腔积水，小腿和蹼的皮下有出血点。

【实验室诊断】或将待检饲料样品用水浸后过滤，滤液灌服 1 日龄、2 日龄的雏鸭，剂量大者，如为阳性，则迅速出现症状甚至死亡。剂量小者也很快出现症状，（一般灌后 4～5 天），阳性时剖检可见胆管上皮增生的特征病变。如与其他方法同时配合进行，结果比较可靠，且可排除具有荧光特性物质的干扰。

【鉴别诊断】

1. 黄曲霉毒素中毒与维生素 B₁ 缺乏症的鉴别

［相似点］黄曲霉毒素中毒与维生素 B₁ 缺乏症均有沉郁，减食，羽毛松乱，消瘦，贫血，运动失调，两腿麻痹，角弓反张。

［不同点］维生素 B₁ 缺乏症的病因是维生素 B₁ 缺乏。趾屈肌先麻痹而后向上延至腿、翅。骨骼肌收缩无力。剖检可见皮下广泛水肿，卵巢、胃、肠萎缩，心轻度萎缩，体温降至 35.5℃。

2. 黄曲霉毒素中毒与禽弓形虫病的鉴别

［相似点］黄曲霉毒素中毒与禽弓形虫病均有厌食，消瘦，鸭冠苍白、贫血，排稀粪，共济失调，角弓反张。剖检可见肝肿大、有坏死灶、心包有积液。

[**不同点**] 禽弓形虫病的病原为弓形虫，排白色稀粪，歪头失明，有的转圈，后期发生麻痹。脑眼型视交叉神经变脆和干燥、呈灰黄色、有坏死区，玻璃体被肉芽所替代。心包有圆形结节，腺胃壁增厚、有些有溃疡，小肠有结节。用腹腔液或组织涂片镜检可检出虫体。

3. 黄曲霉毒素中毒与鸭病毒性肝炎的鉴别

[**相似点**] 黄曲霉毒素中毒与鸭病毒性肝炎均有精神萎靡，缩颈垂翅，厌食，不愿活动，抽搐。剖检可见肝肿大、发黄、有出血点，胆囊肿大。

[**不同点**] 鸭病毒性肝炎的病原为 I 型鸭肝炎病毒，多侧卧，头向后背（俗称背脖），喙端和爪尖呈紫色，排绿色或黄色稀粪，尿中含有大量的尿酸盐。剖检脾有时呈斑驳状，肾肿大、呈灰红色，坏死肝细胞间有大量的红细胞，用上清液接种 1～7 日龄的雏鸭，可于 24 小时后出现相同的典型症状和病理变化。

【**防制**】

1. 预防措施

不喂发霉的饲料，尤其是发霉的玉米、花生饼和稻谷。用 2%次氯酸钠溶液消毒环境，粪便用漂白粉处理。仓库用福尔马林熏蒸消毒。饲料中添加防霉剂，主要有富马酸二甲酯（简称 DMF）、苯甲酸钠（以 0.1%混料）和硅酸铝钠钙水合物（商品名"速净"，以 0.1%剂量混料）。

2. 发病后的措施

发现鸭有中毒症状时，应立即检查饲料是否发霉，若饲料发霉，立即停喂，改用易消化的青绿饲料。

处方：饲料中补加维生素 AD_3 粉、维生素 B_1、维生素 B_2 和维生素 C，或添加禽用多维素。病雏饮用 5% 葡萄糖水。为避免继发细菌感染，可投喂土霉素、氟哌酸等抗菌药物。

二、肉毒中毒

肉毒中毒（软颈症、西部鸭病）是由肉毒梭菌产生的外毒素引起的一种中毒病。肉毒梭菌有 A、B、Ca、Cb、D、E、F、G 8型，毒素也分8型。A 型常见于肉、鱼、果、蔬菜制品和罐头食品，毒性最强，能使人、猴、禽、马、貂、鱼类中毒。Ca 型常见于蝇蛆和腐烂的水草中，主要侵害禽。Cb 型常见于变质饲料和肉品类，禽、牛、马、羊、貂、人都易感。E 型主要见于腐败鱼，主要侵害人、猴和禽。B 型见于肉类及其制品，能使人、牛、马中毒，含有低的易感性。D 型常见于变质肉和动物尸体，侵害牛、马。F 型主要使人中毒。

【病因】自然发病大多是吃了含有毒素的腐烂饲料、腐败尸体和被毒素污染的饲料，或饮用了含有毒素的饮水。多发病于夏秋季。

毒素经消化道吸收后经血液、淋巴液运送至全身，主要作用于中枢神经，对运动神经和交感神经有选择作用，抑制神经传导化学介质（乙酰胆碱）的释放和合成，因而肌肉不收缩，引起弛缓性瘫痪。但对知觉神经、交感神经无影响。毒素可引起血管的痉挛收缩及变性（内皮细胞肿胀，甚至渐进性坏死），毒素进入各器官后，使组织细胞发生变性。

【临床症状】鸭下食后 1～4 小时、最多 1～2 天即出现症状。沉郁嗜睡，步态不稳，头颈软弱无力而垂向前下方，头触地，两脚无力，卧地不起，站立呈企鹅姿势，两翅下垂、拖地，强行驱赶则两翅拍打地面。有的俯伏、摇头伸颈、将头颈伸直平铺于地。眼半闭，流泪，瞳孔放大。停食，吞咽困难，排白色水样稀粪，泄殖腔外翻。呼吸加深、加快，后期慢而深，有的呼吸极度困难，最后昏迷死亡，病程几小时或 1～2 天。也有的经 4～5 天不死而恢复，但因产蛋减少而淘汰。

【病理变化】鸭十二指肠充血、出血，有肠道卡他炎。咽喉会厌黏膜小点出血。肺充血、水肿、气肿，表面有出血点或出血斑，气管有泡沫状渗出液。肝土黄色。心包积液，心肌、冠状沟、心内外膜有针尖大的出血点。

【鉴别诊断】

1. 肉毒中毒与禽李氏杆菌病的鉴别

［相似点］肉毒中毒与禽李氏杆菌病均是群发，突然发病，萎靡，羽毛松乱，翅下垂，腿软无力，下痢。剖检可见肠道出血。

［不同点］禽李氏杆菌病的病原为李氏杆菌，冠髯发绀，脱水，皮肤暗紫，倒地侧卧、腿划动，或盲目乱闯、尖叫，头颈弯曲，仰头，阵发性痉挛。剖检可见脑膜血管充血。肝肿大、呈土黄色、有紫色淤血斑和白色坏死点、质脆易碎。脾肿大、呈黑红色。血液病料涂片、革兰氏染色可见排列"V"状的阳性小杆菌。肉毒中毒有吃腐败动物尸体或该处蝇蛆或毒素污染的饲料饮水史，

鸭嗜睡，眼半闭，流泪，头颈下垂触地，翅肢麻痹，步态不稳，俯伏、头颈平放于地。停食，排白色稀粪，呼吸、吞咽困难，几小时至1～2天死亡。剖检可见十二指肠充血、出血，肺表面、心肌冠状沟内外膜均有出血点，心包积水，肺充血、水肿、气肿。

2. 肉毒中毒与食盐中毒的鉴别

[相似点] 肉毒中毒与食盐中毒均有两肢无力、麻痹，下痢，最后心衰死亡，剖检可见肠道充血、出血。

[不同点] 食盐中毒的病因是吃咸鱼粉或日粮中食盐多而发病，无食欲，饮欲增加，口鼻流大量黏液，嗉囊扩张。剖检可见脑膜血管充血、扩张，心包积液，肝淤血、有出血斑，皮下组织水肿。用硝酸银滴定嗉囊内容物可测知食盐含量。肉毒中毒有吃腐败动物尸体或该处蝇蛆或毒素污染的饲料饮水史。剖检可见十二指肠充血、出血，肺表面、心肌冠状沟内外膜均有出血点，心包积水，肺充血、水肿、气肿。

3. 肉毒中毒与黄曲霉毒素中毒的鉴别

[相似点] 肉毒中毒与黄曲霉毒素中毒均有无精神，打瞌睡，羽毛松乱，翅下垂，懒动。剖检可见肠充血、出血。

[不同点] 黄曲霉毒素中毒的病因是吃了黄曲霉毒素污染的饲料而发病。共济失调，跛行。颈肌痉挛，角弓反张，稀粪含血。剖检可见肝肿大，鸭的肝脏呈灰白色或灰黄色，有的凹凸不平，凸处呈灰褐色或棕黄色，凹处呈灰白色且有白色结节。胆囊肿大、壁增厚（胆囊外皮增生）。脾肿大、呈淡黄色或灰棕色。腺胃、肌胃有出

血。心脏色变白，肾肿大、苍白。卵巢卵泡膜增厚、呈紫红色或黄绿色，内容物呈油脂样或干酪样。将所用饲料用紫外线照射观察荧光，G 族毒素为亮黄绿色荧光，如为 H 族毒素可见到蓝紫色荧光。肉毒中毒剖检可见十二指肠充血、出血，肺表面、心肌冠状沟内外膜均有出血点，心包积水，肺充血、水肿、气肿。

【防制】搞好禽舍及其周围环境的清洁卫生，及时清除死禽、死畜并将其深埋或焚化，杀灭该范围内的蝇蛆（尤其是鸭放牧的地区）。不喂腐败的肉粉、鱼粉、腐败蔬菜或死禽。一旦发现本病暴发流行，饲喂低能量饲料可降低死亡率。在炎热季节和干旱雨涝时尤其要注意防范本病。肉毒梭菌在体外对 13 种抗生素敏感，但抗生素对毒素无效。中毒较轻或刚发病时，用硫酸钠或高锰酸钾水洗胃有一定的效果。饮用 5％～7％硫酸镁，结合饮用链霉素有一定的疗效。使用抗生素杆菌酞（1000 千克饲料加 100 克）、链霉素（1000 毫升水加 1 克）以及定期使用氟苯尼考可降低死亡率。

三、磺胺类药物中毒

磺胺药物可用于禽类多种疫病的防治，特别是多用于原虫病防治时的持续用药，它可以抑制侵入体内的病原体。

【病因】用药剂量过大、用药时间过长或搅拌不均匀等。磺胺类药物治疗量与中毒量较接近，加之在饲料中很难混匀，用于禽类时容易超量中毒。肠内容易吸收磺胺类药物，中毒也容易发生。常用的磺胺二甲基嘧啶、磺胺喹噁啉等容易引起中毒。

【临床症状和病理变化】 急性中毒时主要表现为痉挛和神经症状；慢性中毒时精神沉郁，食欲减退或消失，饮水增加，拉稀，粪黄色或带血丝，贫血，黄疸，生长缓慢。产蛋禽表现为产蛋明显下降，产软壳蛋和薄壳蛋。

表现为出血综合征。出血可发生于皮肤、肌肉及内部器官，也可见于头部、冠髯、眼前房。出血凝固时间延长，骨髓由暗红色变为淡红色甚至黄色。腺胃及肌胃角质膜下出血，整个肠道有出血斑点。肝、脾肿大，散在出血与坏死灶。心肌呈刷状出血，肺充血与水肿。肾肿大，肾小管内析出磺胺结晶而造成肾阻塞与损伤，产生尿酸盐沉积。

【鉴别诊断】

1. 磺胺类药物中毒与禽结核病的鉴别

［**相似点**］磺胺类药物中毒与禽结核病均有精神委顿，羽毛松乱，冠髯苍白，贫血，腹泻，增重缓慢，产蛋下降。

［**不同点**］禽结核病的病原为禽结核分枝杆菌，呆立不愿活动，进行性消瘦。剖检可见肺、脾、肝、肠系膜均有结节，切开内容物呈干酪样，涂片染色镜检可见结核分枝杆菌。

2. 磺胺类药物中毒与叶酸缺乏症的鉴别

［**相似点**］磺胺类药物中毒与叶酸缺乏症均有生长停滞，贫血，白细胞减少，成年禽产蛋量下降。剖检可见肠道出血。

[**不同点**] 叶酸缺乏症的病因是叶酸缺乏。羽毛生长不良，色素缺乏，特征性伸颈、麻痹。死胚胎胫骨弯曲。肝、脾、肾缺血。

　　【**防制**】

　　1. 预防措施

　　使用磺胺类药物时应严格控制使用剂量与疗程，拌料要均匀，并保证充分供给饮水。投药期间，在饲料中添加维生素 K_3、维生素 B_1，其剂量为正常量的 $10\sim20$ 倍。

　　2. 发病后的措施

　　发现中毒后立即停药，大量供水。

　　处方 1：1%～5%碳酸氢钠溶液适量，自由饮用。

　　处方 2：维生素 C 片 25～30 毫克，一次口服。或肌内注射 50 毫克的维生素 C 注射液。

　　处方 3：饮用车前草和甘草糖水，促进药物从肾排出。

四、家禽亚硝酸盐中毒

　　亚硝酸盐中毒是指家禽采食富含亚硝酸盐或亚硝酸的饲料造成的高铁血红蛋白症，导致组织缺氧的急性中毒病症，以鸭、鹅多发而鸡次之。

　　【**病因**】由于采食储藏或加工方法不当的叶菜类饲料以及富含大量亚硝酸盐的秧苗等而引起家畜中毒。这些植物富含硝酸盐但受到土壤环境和气候的影响较大，若土壤中重施化肥、除草剂或植物生长刺激剂可促进植物中亚硝酸盐的蓄积；若日光不足、干旱或土壤中缺少钼、硫和磷阻碍植物内蛋白质的同化过程，使硝酸盐在植物中蓄积。在自然界中广泛存在的硝酸盐还原菌是导致家禽亚硝酸盐中毒的必备条件，如在温度为 20～40℃、pH 值 6.3～7.0 的潮湿环境中该菌可将硝酸盐还原为亚硝酸盐。例如将青绿饲料温水浸泡、文火焖煮以及加热堆放都可导致大量的亚硝酸盐产生，这种不良饲料一旦被家禽采食即可发生中毒，尤以鸭、鹅多发。

亚硝酸盐迅速使氧合血红蛋白氧化成高铁血红蛋白，血红蛋白失去载氧能力而引起机体缺氧。亚硝酸盐具有扩张血管的作用，导致外围循环衰竭，加重组织缺氧、呼吸困难及神经功能紊乱。

【临床症状和病理变化】发病急且病程短，一般在食入后 2 小时内发病。发病时呼吸困难，口腔黏膜和冠髯发紫，并伴有抽搐、四肢麻痹、卧地不起等症状。严重时很快窒息死亡。剖检可见血液不凝固，呈酱油色，遇空气不变成鲜红色。肺内充满泡沫样液体，肝、脾、肾有淤血，消化道黏膜充血。心包腹腔积水，心房脂肪出血。有饲喂储藏、加工和调剂方法不当的饲料的病史；有典型的缺氧症状且血液呈酱油色，遇空气不变红色。

【防制】

1. 预防措施

不喂堆积、闷热、变质的青绿饲料。储存青绿饲料应在阴凉处松散摊放。不喂文火煮熟的青绿饲料，蒸煮过的饲料不宜久放。

2. 发病后的措施

立即更换新鲜的饲料和清洁的饮水，禁止饲喂含亚硝酸盐的饲料。

处方 1：每只病禽口服维生素 C 片（100 毫克），每天 1 次，连用 2～3 天。

处方 2：用美蓝 2 克，95% 酒精 10 毫升，生理盐水 90 毫升，溶解后每千克体重注射 1 毫升，同时饮服或腹腔注射 25% 葡萄糖溶液和 5% 维生素 C 溶液。用盐类泻剂加速肠胃内容物的排出。

五、食盐中毒

在鸭的日粮中添加一定的食盐可以增进食欲，有利于鸭的消化、吸收和排泄，这对调节体内血液渗透压和酸碱平衡、维持神经系统的正常机能等都有着十分重要的作用。

【病因】鸭食盐中毒是饲料中食盐含量过高，超过 0.5%，或同时饮水受到限制，或饲喂较多食堂的残羹和腌制加工的副食品而引起的。鸭的食盐最小致死量为每千克体重 4 克，饲料中食盐含量达 3%、饮水中含盐量达 0.9%，即可引起鸭的大批中毒死亡。

【临床症状和病理变化】鸭中毒较轻时，饮欲增加，食欲降低，粪便稀薄混有水，引起鸭舍地面潮湿，雏鸭可见不断鸣叫，无目的地冲撞，头向后仰。严重中毒时精神委顿，食欲废绝，口鼻流黏液，嗉囊肿大，腹泻，后期步态不稳或瘫痪，呈昏迷状态渐至衰竭死亡；病变主要为皮下组织水肿，腹腔和心包积水，肺水肿，胃肠道黏膜充血、出血，嗉囊内充满黏性液体，黏膜脱落，脑膜血管充血扩张。

【鉴别诊断】

1. 食盐中毒与李氏杆菌病的鉴别

［**相似点**］食盐中毒与李氏杆菌病均有两腿软弱无力，卧地挣扎不起，下痢。剖检可见脑膜血管充血，心包积水，肝淤血，肠黏膜出血。

［**不同点**］李氏杆菌病的病原为李氏杆菌，系传染病，冠髯发绀，皮肤暗紫，两翅下垂。剖检可见肝肿大、呈土黄色、有白色坏死灶、质脆易碎，心冠脂肪出血。脾肿大、呈黑红色，腹腔有血样液。血液或脾肝涂片、镜检可见排列"V"形、革兰氏阳性的小杆菌。

2. 食盐中毒与肉毒中毒的鉴别

［**相似点**］食盐中毒与肉毒中毒均有两肢无力、麻痹，下痢，最后心衰死亡。剖检可见肠道充血、出血。

［**不同点**］肉毒中毒的病因是吃了含有肉毒梭菌外毒素的腐烂尸体或蝇蛆而发病，无精神，打瞌睡，头颈、眼睑、翅也发生麻痹，重症头颈平放于地不能抬起。剖检可见喉气管有少量灰黄色带泡沫的黏液。将嗉囊内容物制成悬液接种鸭的左下眼睑皮下，48 小时后左眼睑麻痹、半闭合，敲头时左眼睁不开，右眼闭合自如，18 小时后死亡。

【防制】

1. 预防措施

使用配合饲料时对所用鱼粉或干鱼等要测定其含盐量，或估计盐分多少，以决定其添加量，使配合饲料的含盐量控制在 0.35％左右，防止中毒事故的发生。

2. 发病后的措施

发现食盐中毒时，立即停用原饲料和饮水，改换新鲜充足的淡水或糖水，症状可逐渐好转。中毒严重时，要限制供给饮水，每隔 1 小时让其饮水 15 分钟左右，以免一次大量饮水，加重组织水肿。

第五章　鸭普通病的类症鉴别与防治

一、中暑（热应激）

中暑是家禽热射病与日射病的总称。

【病因】是由于烈日暴晒，环境气温过高导致家禽中枢神经紊乱、心衰猝死的一种急性病。本病常发生于炎热季节，家禽群处于烈日暴晒之下或处于闷热的栏舍中，会突然发生零星的或众多的禽只猝死，且以体型肥胖的禽只易发病。

【临床症状和病理变化】本病的特征症状是禽群突然发病，患禽一般表现为烦躁不安，战栗，两翅张开，走路摇摆，站立不稳，呼吸急促，体温升高，跌倒在地翻滚，两脚朝天，在水中不时扑打翅膀，最后昏迷、麻痹、痉挛死亡。禽大脑实质及脑膜不同程度充血、出血。其他组织亦可见有出血，另外，刚死亡的禽只，其胸腹内的温度升高，热可灼手。

【防制】

1. 预防措施

（1）防暑降温 加强禽舍内通风换气，有条件的可安装排气扇、吊扇，增加空气流通速度，保证室内空气新鲜；在禽舍周围栽阔叶树木遮阴或搭盖阴棚，窗户上也要安装遮阳棚，避免阳光直射；每天向禽舍房顶喷水或禽体喷雾1～2次（下午2时左右，晚上7时左右），有防暑降温之效。

（2）充分供应饮水 高温季节家禽的饮水量是平时的7～8倍，要保证饮水的供应。为有效控制热应激的发生，可在饮水中加入0.15％～0.30％氯化钾、0.5％小苏打（碳酸氢钠）和按150～200毫克/千克的比例添加维生素C。

（3）调整营养结构 适当调整饲料的营养水平，在饲料中添加2％～3％的脂肪，可提高家禽的抗应激能力。在产蛋禽日粮中加喂1.5％动物脂肪（需同时加入乙氧喹类等抗氧化剂），能增强饲料的适口性，提高产蛋率和饲料的转化利用率；提高日粮中蛋氨酸和赖氨酸的含量；加倍补充B族维生素和维生素E，可增强家禽的抗应激能力。同时，在饲料中添加0.004％～0.01％杆菌肽锌，可降低热应激，提高饲料的转化率。

（4）药物保健 添加大蒜素。大蒜素具有抗菌杀虫、促进采食、帮助消化和激活动物免疫系统的作用，可在饲料中按说明添加使用。此外，将生石膏研成细末，按0.3％～1％混饲，有解热清火之效。添加中药，方剂：滑石60克、薄荷10克、藿香10克、佩兰10克、苍术

10 克、党参 15 克、金银花 10 克、连翘 15 克、栀子 10 克、生石膏 60 克、甘草 10 克，粉碎过 100 目筛混匀，以 1% 的比例混料，每日上午 10 时喂给，可清热解暑，缓解热应激。

（5）加强饲养管理 坚持每天清洗饮水设备，定期消毒。及时清理禽粪，消灭蚊蝇。改进饲喂方式，以早晚进行饲喂为主。减少对家禽的惊扰，控制人员、车辆出入，防止病原菌传入。放牧应早出晚归，并选择凉爽的地方放牧。

2. 发病后的措施

禽群一旦发生中暑，应立即进行急救，把禽群（鸭、鹅）赶入水中降温，或赶到阴凉的地方，给予充足的清洁饮水，并用冷水喷淋头部及全身；个别患禽还可放在冷水里短时间浸泡，然后喂服酸梅加冬瓜水或 3%～5% 红糖水解暑。少量鸭发病时，可口服 2%～3% 的冷盐水，也可用冷水灌肠（如家禽体温很高，不宜降温太快）。

病重的小鸭每只可喂仁丹半粒和针刺翼脉、脚盘穴。

中暑严重的鸭可放脚趾静脉血数滴。不定时地让家禽饮用 5%～10% 的绿豆糖水和维生素 C 溶液。

二、禽输卵管炎

【病因】禽输卵管炎是由饲喂过多的动物性饲料，饲料中缺乏维生素 A、维生素 D、维生素 E，产过大的双黄蛋，卵在输卵管中破裂，细菌侵入等引起的。细菌侵入是由泄殖腔逆行受感染等原因引起的。

【临床症状和病理变化】排出黄白色脓样分泌物，污染肛门周围的羽毛。产蛋困难有痛感，蛋壳上常带有血迹。随着病程的发展，疼痛不安，体温升高，有时呈昏睡状，常卧地不起，走路腹部着地。炎症蔓延可引起腹膜炎。本病常继发输卵管垂脱，蛋滞（蛋滞留在子宫或输卵管内而不能排出或排出困难）。

【防制】搞好环境卫生和消毒工作，保证饲料中有充足的维生素供给，做好禽流感、传染性支气管炎和新城疫等疾病的预防工作；发现病禽隔离饲养，及时检查并助产。用 0.5%高锰酸钾、0.01%新洁尔灭或 3%硼酸溶液或普息宁 1：100 稀释进行冲洗泄殖腔和输卵管，然后注入青霉素和链霉素，或用土霉素拌料喂服禽群。

三、泄殖腔外翻（脱肛）

主要是指输卵管或泄殖腔翻出肛门之外造成的一种疾病，初产或高产母禽易发生此病。

【病因】诱发原因：一是营养因素，蛋白质含量增加，喂料过多，维生素缺乏，使产蛋多或大，产蛋时用力过度造成脱肛；二是管理因素，密度过大，通风不良，饮水不足，光照不合理，地面潮湿，卫生条件差，泄殖腔发炎等造成脱肛；三是疾病因素，患胃肠炎或其他病导致腹泻，产蛋时用力过猛而脱肛；四是应激因素，惊吓、响声对产蛋禽是超强刺激，使输卵管外翻不能复位而脱肛。

【临床症状】病初肛门周围的绒毛湿润，从肛门流出白色或黄色黏液，随之呈肉红色的泄殖腔脱出肛门外，颜色渐变为暗红色，甚至紫色，粪便难于排出。脱出部分发炎、水肿甚至溃烂，脱出物常引起其他禽啄食，病禽最后死亡。

【防制】

1. 预防措施

注意饲养密度和舍温适宜，通风良好，给水充足，及时清除粪便，保持地面干燥，在日粮中增加维生素和矿物质。发现病禽及时隔离，防止啄食。

2. 发病后的措施

发病后，外翻泄殖腔用 0.1%高锰酸钾或硼酸水或明矾水冲洗，涂布消炎软膏，并以消毒纱布托着缓慢送回，然后对肛门进行烟包样缝合，保持 3～5 天。或用 1%普鲁卡因溶液清洗外翻泄殖腔，并于肛门周围做局部麻醉，以减少发炎和疼痛，减少努责，避免再度外翻。或整复后倒吊 1～2 小时，内服补中益气丸，每次 15～20 粒，每天 1～2 次，连用数日。

四、难产

母禽产蛋过程中，超过正常时间不能将蛋产出时，称为禽的难产。鸡、鸭、鹅等均可发生。

【病因】由于输卵管炎，或蛋过大，或输卵管狭窄、扭转或麻痹，因啄肛而造成的肛门瘢痕、输卵管脓肿等，也可造成禽的难产。

【临床症状】难产母禽主要表现为羽毛逆立，起卧不安，频繁努责，全身用力做产蛋动作却又产不出蛋。有时蜷曲于窝内，呼吸急促。齿立后可见到后腹部膨大，向下脱垂。触诊此处可明显感觉到有蛋。

【防制】

1. 预防措施

注重禽群培育期的骨骼发育；保持饲料中适量的蛋白质和减少输卵管炎症。

2. 发病后的措施

发病后泄殖腔内注入 10 毫升液体石蜡，再由前向后逐渐挤压，也可将手伸入泄殖腔，将蛋挤碎，使内容物流出，再抠出蛋壳，并在输卵管中注入 40 万单位的青霉素。

五、皮下气肿

皮下气肿是幼鸭的一种常见的外伤性疾病。

【病因】 多见于粗暴捕捉使颈部气囊及腹部气囊破裂；也可因尖锐异物刺破气囊或鸟喙骨和胸骨等有气腔的骨骼发生骨折，均可使气体积聚于皮下，造成皮下气肿。本病多发于 1～2 周龄的幼鸭，常发生颈部皮下气肿，俗称气脖子或气嗉子。

【临床症状】 颈部气囊破裂时，可见颈部羽毛逆立，颈的基部或整个颈部气肿，以至于头部和舌系带下部出现鼓气泡。腹部气囊破裂或颈部气体向下蔓延时，可见胸腹围增大，皮肤紧张，叩诊呈鼓音。如延误治疗，则气肿继续增大，病鸭精神沉郁，呆立，呼吸困难，饮、食欲废绝，衰竭死亡。本病无其他明显病变，仅见气肿部皮下充满气体。根据本病特殊的症状不难做出诊断。

【鉴别诊断】

皮下气肿与鸭舟形嗜气管吸虫病的鉴别

[相似点] 皮下气肿与鸭舟形嗜气管吸虫病均有颈部

皮下气肿的临床表现。

［**不同点**］鸭舟形嗜气管吸虫病的病原是舟形嗜气管吸虫。感染的病鸭有呼吸困难，咳嗽、甩头，消瘦。剖检病死鸭可见气管、支气管黏膜呈现出不同程度的充血、出血，气管内充满了粉红色的扁平虫体；皮下气肿无明显病变。

【**防制**】主要是避免粗暴捉鸭和鸭群的拥挤、摔伤和踩伤；发病后刺破膨胀皮肤，放出气体。注意须多次放气，或用烧红的烙铁在膨胀部烙个缺口，使伤口暂不愈合而持续放气，患鸭可逐渐自愈。

六、啄羽

肉鸭啄羽是指肉鸭在养殖过程中，群体中一只或多只鸭自啄或啄击其他个体羽毛的不良行为。

【**病因**】

1. 环境因素

有的养鸭户圈舍狭小、饲养密度过大、运动不足，尤其是在冬季因保暖而使圈舍通风不良，舍内过热、过湿，氨气和二氧化碳浓度超过鸭群的耐受程度，还有光照过强、光线明暗分布不均或光色不宜等。

2. 营养因素

饲料单一或日粮营养配比不合理，造成蛋白质含量不足或氨基酸缺乏，无机盐、维生素不足或因长期不补盐，饲喂时间不固定，时饱时饥等。另外，钴元素缺乏而造成的脱毛症也易诱发啄羽现象。

3. 管理因素

鸭粪清除不及时，粪便发酵产生粪毒素、氨气等有害物质，刺激鸭体表皮肤发痒；鸭羽毛脏乱、污秽，也能造成自啄，转而互啄。

4. 生物因素

夏日吸血性蚊虫大量繁殖，并叮咬肉鸭，致使体表奇痒而引起啄癖。一些体表的寄生虫感染也会造成奇痒而引起啄羽。

【临床症状】啄击部位多为背后部及翅尖部羽毛，往往造成被啄处羽毛稀疏残缺、毛囊出血，羽毛被连根啄出后常常被吃掉，鸭群骚动不安，掉毛处的皮肤若有损伤，常常会被细菌感染，屠宰后会成为次品胴体，造成严重的经济损失。

【防制】

1. 加强饲养管理，改善饲养环境

适当地降低养殖密度，改善通风和光照强度，及时清除粪便。笼养设计高度应为 100～120 厘米，以便打扫。鸭舍温度和湿度要适宜，满足不同日龄的鸭所要求的温度，相对湿度保持在 60%～70%。保持清洁卫生，地面干燥，以人走进鸭舍感到不闷、不刺激鼻眼为宜。

2. 及时断喙

初生雏鸭 8～10 日龄断啄，用鸭电烙断喙器将雏鸭喙尖烧烙，即可彻底避免啄癖的发生。

3. 科学配制全价饲料

要投喂高品质的全价配合饲料，以提供合理的足够的蛋白质、维生素、无机盐等，并定时饲喂。因蛋白质钙磷不足，可添加 5% 豆饼或 3% 鱼粉、2%～4% 骨粉或贝壳粉，因缺盐引起的可在饲料中添加 1%～2% 食盐，

连喂 2～3 天，因缺硫引起的可补硫酸锌或硫酸钙，每只每天 1～4 克。适当添加青绿饲料或增喂啄羽灵、羽毛粉，都能防止啄羽的发生。另外，在饮水或饲料中适当加喂维生素 B_{12} 或复合 B 族维生素，可预防脱羽症诱发的啄癖。

4. 减少光照强度

一般用 25 瓦的灯泡照明，鸭能看到吃食和饮水就可以了。小鸭可用红光、橙黄光，大鸭用红光或白光，可使鸭群安群，啄羽就少。

5. 杀蚊灭蝇

对鸭舍定期进行杀蚊灭蝇，但应注意用药浓度及使用方法，以免中毒。

6. 治疗

对有啄癖的肉鸭及时隔离，避免啄击行为的进一步扩散；有损伤的肉鸭，损伤部位涂青霉素粉，另在饲料中加入 0.2%～0.3% 的天然石膏粉末，可使啄羽很快得到控制。

附　录

一　鸭的几种正常生理指标

见附表1、附表2。

附表1　健康鸭的体温、呼吸和心跳的变动范围

体温/℃	呼吸次数/（次/分）	心跳次数/（次/分）
41.5～43	16～26	160～210

附表2　健康鸭的临床血液学指标的变动范围

性别	红细胞数/（克/100毫升）	白细胞数/（万个/毫米^3）	血红蛋白/（千个/毫米^3）	白细胞分类/%				
				淋巴细胞	嗜中性粒细胞	嗜酸性粒细胞	嗜碱性粒细胞	单核细胞
雄性	271	16.60	14.20	64.0	25.8	1.4	2.4	6.4
雌性	246	29.70	12.70	76.1	13.3	2.5	2.4	5.7

二　不同类型鸭病的类症鉴别

见附表3～附表7。

226

附表 3　引起鸭产蛋下降、产畸形蛋的常见疾病鉴别诊断

病　名	相似点	区别点
鸭流感	产蛋明显下降,产小型蛋、畸形蛋	各种日龄均可感染;流泪红眼,脚软无力,头颈触地,倒地仰翻,喙和足呈紫红色,死亡快;心肌有灰白色坏死斑,或呈白色条纹坏死;胰腺表面有大量的针尖大小的白色坏死点或多个透明或褐色坏死灶
鸭产蛋下降综合征	产蛋急剧下降,产变形蛋、薄壳蛋和软壳蛋	常集中在产蛋高峰期发病;无明显的临床症状和死亡病例
鸭前殖吸虫病	产蛋量下降,产薄壳蛋、软壳蛋、畸形蛋,或挤出卵黄、少量蛋清	腹部膨大,泄殖腔突出肛门边缘、潮红、输卵管黏膜严重充血增厚,在黏膜上可找到虫体
鸭维生素 D、维生素 E 缺乏症	产蛋量下降,产薄壳蛋和软壳蛋	鸭喙、爪变软,龙骨变形或弯曲;种蛋的孵化率低

附表 4　引起雏鸭呼吸系统障碍的常见疾病鉴别诊断

病　名	相似点	本病特点
鸭流感	呼吸急促,喘气或张口呼吸;咳嗽,流泪	各种日龄均可感染;流泪红眼,脚软无力,头颈触地,倒地仰翻,喙和足呈紫红色,死亡快;心肌有灰白色坏死斑或呈白色条纹坏死;胰腺表面有大量的针尖大小的白色坏死点或多个透明或褐色坏死灶
鸭细小病毒病	呼吸急促,甩头或张口呼吸,喘气频繁,流鼻液	集中在 3 周龄内发病,发病率和病死率较高;空肠和回肠有的肠段出现极度膨大形成香肠状,内容物为灰白色或淡黄色的栓子状物;胰腺苍白,充血或局部性出血,表面有数量不等的针尖大的灰白色坏死点
支原体病	打喷嚏,咳嗽,甩头,有鼻液;呼吸加快,常发出"咯咯"声	眶下窦肿胀,眼有渗出物;气囊内有黄色干酪样渗出物或念珠状结节;胸腹腔常有灰白色豆渣样物质
鸭曲霉菌病	呼吸急促,张口呼吸,呼气常发出"嘎嘎"声	肺部出现局部性或坏死性肺炎,有针尖大至粟粒大或更大的结节
鸭一氧化碳中毒	流泪,咳嗽,呼吸困难,嗜睡	多数发生在低温寒冷季节,用煤炉和木炭加温保暖的及通风不良的鸭舍

附表5 引起神经症状及运动障碍的常见病鉴别

病 名	相似点	本病特点
鸭流感	脚软,走动摇摆,头颈触地,倒地仰翻,两脚呈游泳状摆动;头颈扭曲呈"S"状或类似角弓反张姿势	各种日龄均可感染;喙和足蹼呈紫红色;眼睛流泪,结膜潮红;胰腺出血,表面有针尖大小的坏死点或多个透明样坏死灶;心冠脂肪、心肌出血,有坏死灶
雏鸭病毒性肝炎	运动失调,身体倒向一侧或背部着地,转圈,两脚发生痉挛性踢动;死前头向后仰,呈角弓反张姿势	集中在2周龄内发病,传播快,死亡率高;肝脏呈土黄色或红色,表面有大量的出血斑或刷状出血带;心脏、胰腺无特殊病变
鸭疫里氏杆菌病	不喜欢走动或行走摇摆,头颈歪斜,呈转圈运动或倒退;摇头或点头,背脖和两脚伸直呈角弓反张姿势,抽搐	心包炎、肝周炎和气囊炎,心脏、肝脏表面有层灰白色的纤维素膜覆盖;胰腺无特征性病变
鸭食盐中毒	两脚无力,行走困难或完全麻痹瘫痪;头颈弯曲,胸腹朝天挣扎,头颈不断旋转	饮水量大增,食道膨大部扩张膨大,口鼻有淡黄色分泌物;皮下结缔组织水肿,切开流出黄色透明液体,皮下脂肪呈胶冻样
鸭磺胺类药物中毒	兴奋不安,痉挛,麻痹;头颈弯曲,扑翅向前	有过量或长期使用磺胺类药物的病史;皮下有大小不等的斑状出血,胸部肌肉弥漫性或刷状出血,腿肌斑状出血,血液稀薄,凝固不良;输尿管增粗,充满白色尿酸盐
鸭黄曲霉毒素中毒	死前头颈呈角弓反张姿势;突然发病,严重跛行,步态摇晃	检查饲料有霉变味道;雏鸭病死率高,肝脏苍白变淡或呈淡黄色,有出血斑点;胰腺有出血点,肾脏呈淡黄色
鸭维生素 B_1、维生素 B_2 缺乏症	脚软无力,伸腿痉挛或蹦跳乱奔;扭头歪颈或就地转圈或倒地抽搐	雏鸭皮肤水肿;胃肠道萎缩,十二指肠溃疡
鸭维生素 E-硒缺乏症	两腿无力,行走不稳或头颈左右摆动;头颈弯曲,有时呈角弓反张姿势	胸肌、腿肌苍白,出现灰白色条纹状坏死;头颈、腹部等皮下积满黄绿色液体;脑水肿,有黄绿色浑浊的坏死区

附表6　引起鸭心脏、肝脏出血斑点及坏死斑点的常见疾病类症鉴别

病　名	相似点	本病特点
鸭流感	心冠脂肪和心肌有出血点或出血斑、灰白色坏死斑；肝脏淤血或有出血斑坏死	各种日龄均可感染；流泪红眼，脚软无力，头颈触地，倒地仰翻，喙和足呈紫红色，死亡快；心肌有灰白色坏死斑或呈白色条纹；胰腺表面有大量的针尖大小的白色坏死点或多个透明或褐色坏死灶
鸭瘟	心冠脂肪、心肌外膜有出血斑点；肝脏出血或有出血点，表面有大小不一的灰白色坏死小点	成年鸭的发病和死亡较为严重；喉头、食道黏膜表面覆盖着黄色膜，食道黏膜有纵行排列的出血带；在肝脏坏死灶(点)中有出血小点
雏番鸭"花肝"病	肝脏表面密布大量的针尖大小的白色坏死点，呈"花斑肝"	以10～25日龄的雏番鸭最为易感；脾、胰腺和肠道表面有数量不等的针尖大小的白色坏死点
鸭霍乱	心冠脂肪和心肌出血点；肝脏表面有针尖大小的灰白色坏死点	肠道严重出血，肠内容物呈胶冻样；腹皮下脂肪出血或有出血斑点
鸭沙门菌病(副伤寒)	肝脏常有细小的灰黄白色坏死点	肝脏呈红黑色或古铜色，有些可见条纹状出血；肠内部呈糠麸样坏死，盲肠内有干酪样物质形成栓子

附表7　引起鸭纤维素性心包炎、肝周炎和气囊炎的常见疾病类症鉴别

病　名	相似点	本病特点
鸭流感	纤维素性心包炎；纤维素性气囊炎	各种日龄均可感染；流泪红眼，脚软无力，头颈触地，倒地仰翻，喙和足呈紫红色，死亡快；心肌有灰白色坏死膜，或呈白色条纹坏死；胰腺表面有大量的针尖大小的白色坏死点或多个透明或褐色坏死灶
鸭大肠杆菌病	心包膜和心外膜粘连，心脏被一层厚薄不一的灰白色纤维素膜包裹；腹腔常有腐败气味	纤维素性气囊炎，气囊膜浑浊，表面附着黄白色干酪样渗出物；肝肿大，表面被一层不同厚度的灰白色纤维素性薄膜；心、肝纤维素性包膜易剥离覆盖

病　名	相似点	本病特点
鸭疫里氏杆菌病	心包膜增厚,心外膜覆盖有一薄层白色的纤维素性渗出物;气囊壁增厚,有纤维素性渗出物;有些病例,肝表面也附有一薄层纤维素膜	头颈摇动,歪斜,当遇到惊扰时做转圈运动或倒退;肝脏表面附有隐约可见、不易剥离的湿润薄膜
鸭衣原体病	纤维素性心包炎、肝周炎,表面覆盖一层灰白色或黄色纤维素性薄膜	眼结膜炎和鼻炎,眼和鼻孔流出浆液性或脓性分泌物
鸭痛风	在心、肝脏、气囊表面覆盖有尿酸盐沉着物	肝肿大、质脆,肾肿大、呈花斑状;输尿管充满石灰样沉淀物;有时可见关节表面和关节周围组织中有白色尿酸盐沉积

三　药物的配伍禁忌

见附表 8。

附表 8　药物的配伍禁忌

类别	药　物	禁忌配合的药物	变　化
抗生素	青霉素	酸性药液如盐酸氯丙嗪、四环素类抗生素的注射液	沉淀、分解失效
		碱性药液如磺胺药、碳酸氢钠的注射液	沉淀、分解失效
		高浓度酒精、重金属盐	破坏失效
		氧化剂如高锰酸钾	破坏失效
		快效抑菌剂如四环素、氯霉素	疗效减低
	红霉素	碱性溶液如磺胺、碳酸氢钠注射液	沉淀、析出游离碱
		氯化钠、氯化钙	浑浊、沉淀
		林可霉素	出现拮抗作用
	链霉素	较强的酸、碱性液	破坏、失效
		氧化剂、还原剂	破坏、失效
		利尿酸	对肾的毒性增大
		多黏菌素 E	骨骼肌松弛

续表

类别	药物	禁忌配合的药物	变化
抗生素	多黏菌素 E	骨骼肌松弛药	毒性增强
		先锋霉素 I	毒性增强
	四环素类抗生素如四环素、土霉素、金霉素、强力霉素	中性及碱性溶液如碳酸氢钠注射液	分解失效
		生物碱沉淀剂	沉淀、失效
		阳离子(一价、二价或三价离子)	形成不溶性难吸收的络合物
	氯霉素	铁剂、叶酸、维生素 B_{12}	抑制红细胞生成
		青霉素类抗生素	疗效减低
	先锋霉素 II	强效利尿药	增大对肾脏的毒性
化学合成抗菌药	磺胺类药物	酸性药物	析出沉淀
		普鲁卡因	疗效减低或无效
		氧化铵	增大对肾脏的毒性
	氟喹诺酮类药物如诺氟沙星、环丙沙星、洛美沙星、恩诺沙星等	氯霉素、呋喃类药物	疗效减低
		金属阳离子	形成不溶性难吸收的络合物
		强酸性药液或强碱性药液	析出沉淀
消毒防腐药	漂白粉	酸类	分解放出氯
	酒精	氯化剂、矿物质等	氧化、沉淀
	硼酸	碱性物质	生成硼酸盐
		鞣酸	疗效减弱
	碘及其制剂	氨水、铵盐类	生成爆炸性碘化氮
		重金属盐	沉淀
		生物碱类药物	析出生物碱沉淀
		淀粉	呈蓝色
		龙胆紫	疗效减弱
		挥发油	分解失效
	阳离子表面活性消毒药	阴离子如肥皂类、合成洗涤剂	作用相互拮抗
		高锰酸钾、碘化物	沉淀

续表

类别	药 物	禁忌配合的药物	变 化
消毒防腐药	高锰酸钾	氨及其制剂	沉淀
		甘油、酒精	失效
		鞣酸、甘油、药用炭	研磨时爆炸
	过氧化氢溶液	碘及其制剂、高锰酸钾、碱类、药用炭	分解、失效
	过氧乙酸	碱类如氢氧化钠、氨溶液	中和失效
	氨溶液	酸及酸性盐	中和失效
		碘溶液如碘酊	生成爆炸性的碘化氮
抗蛔虫药	左旋咪唑	碱类药物	分解、失效
	敌百虫	碱类、新斯的明、肌松药	毒性增强
	硫双二氯酚	乙醇、稀碱液、四氯化碳	毒性增强
抗球虫药	氨丙啉	维生素 B_1	疗效减低
	二甲硫胺	维生素 B_1	疗效减低
	莫能菌素或盐霉素或马杜霉素或拉沙洛菌素	泰牧霉素、竹桃霉素	抑制动物生长,甚至中毒死亡
中枢兴奋药	咖啡因(碱)	盐酸四环素、鞣酸、碘化物	析出沉淀
	尼可刹米	碱类	水解、沉淀
	山梗菜碱	碱类	沉淀
镇静药	氯丙嗪	碳酸氢钠、巴比妥类钠盐、氧化剂	析出沉淀,变红色
	溴化钠	酸类、氧化剂	游离出溴
		生物碱类	析出沉淀
	巴比妥钠	酸类	析出沉淀
		氯化铵	析出氨、游离出巴妥酸
镇痛药	吗啡	碱类	毒性增强
	盐酸哌替啶(度冷丁)	巴比妥类	析出沉淀

续表

类别	药物	禁忌配合的药物	变化
解热镇痛药	阿司匹林	碱类药物如碳酸氢钠、氨茶碱、碳酸钠等	分解、失效
	水杨酸钠	铁等金属离子制剂	氧化、变色
	安乃近	氯丙嗪	体温剧降
	氨基比林	氧化剂	氧化、失效
麻醉药与化学保定药	水合氯醛	碱性溶液、久置、高热	分解、失效
	戊巴比妥钠	酸类药液	沉淀
		高热、久置	分解
	苯巴比妥钠	酸类药液	沉淀
	普鲁卡因	磺胺药、氧化剂	疗效减弱或失效、氧化、失效
	琥珀胆碱	水合氯醛、氯丙嗪、普鲁卡因、氨基苷类抗生素	肌松过度
	盐酸二甲苯胺噻唑	碱类药液	沉淀
植物神经药	硝酸毛果云香碱	碱性药物、鞣质、碘及阳离子表面活性剂	沉淀或分解失效
	硫酸阿托品	碱性药物、鞣质、碘及碘化物、硼砂	分解或沉淀
	肾上腺素、去甲肾上腺素	碱类、氧化物、碘酊	易氧化变棕色、失效
		三氯化铁	失效
		洋地黄制剂	引起心律失常
强心药	毒毛旋花子苷K	碱性药液如碳酸氢钠、氨茶碱	分解、失效
	洋地黄毒苷	钙盐	增强洋地黄的毒性
		钾盐	对抗洋地黄作用
		酸或碱性药物	分解、失效
		鞣酸、重金属盐	沉淀

鸭类症鉴别诊断及防治

续表

类别	药物	禁忌配合的药物	变化
止血药	安络血	脑垂体后叶素、青霉素 G、盐酸氯丙嗪	变色、分解、失效
	止血敏	抗组胺药、抗胆碱药	止血作用减弱
		磺胺嘧啶钠、盐酸氯丙嗪	浑浊、沉淀
	维生素 K	还原剂、碱类药液	分解、失效
		巴比妥类药物	加速维生素 K_3 的代谢
抗凝血药	肝素钠	酸性药液	分解、失效
		碳酸氢钠、乳酸钠	加强肝素钠抗凝血
	枸橼酸钠	钙制剂如氯化钙、葡萄糖酸钙	作用减弱
抗贫血药	硫酸亚铁	四环素类药物	妨碍吸收
		氧化剂	氧化变质
祛痰药	氯化铵	碳酸氢钠、碳酸钠等碱性药物	分解
		磺胺药	增强磺胺对肾的毒性
	碘化钾	酸类或酸性盐	变色、游离出碘
平喘药	氨茶碱	酸性药液如维生素 C,四环素类药物,盐酸	中和反应、析出茶碱
		盐、盐酸氯丙嗪等	沉淀
	麻黄素(碱)	肾上腺素、去甲肾上腺素	增强毒性
健胃与助消化药	胃蛋白酶	强酸、强碱、重金属盐、鞣酸溶液	沉淀
	乳酶生	酊剂、抗菌剂、鞣酸蛋白、铋制剂	疗效减弱
	干酵母	磺胺类药物	疗效减弱
	稀盐酸	有机酸盐如水杨酸钠	沉淀
	人工盐	酸性药液	中和、疗效减弱
	胰酶	酸性药物如稀盐酸	疗效减弱或失效
	碳酸氢钠	酸及酸性盐类	中和失效
		鞣酸及其含有物	分解
		生物碱类、镁盐、钙盐	沉淀
		次硝酸铋	疗效减弱

续表

类别	药物	禁忌配合的药物	变化
泻药	硫酸钠	钙盐、钡盐、铅盐	沉淀
	硫酸镁	中枢抑制药	增强中枢抑制
利尿药	呋喃苯胺酸（速尿）	氨基苷类抗生素如链霉素、卡那霉素、新露素、庆大霉素	增强耳中毒
		头孢噻啶	增强肾毒性
		骨骼肌松弛剂	骨骼肌松弛加重
脱水药	甘露醇	生理盐水或高渗盐	疗效减弱
	山梨醇	生理盐水或高渗盐	疗效减弱
糖皮质激素	盐酸可的松、强的松、氢化可的松、强的松龙	苯巴比妥钠、苯妥英钠	代谢加快
		强效利尿药	排钾增多
		水杨酸钠	消除加快
		降血糖药	疗效降低
生殖系统药	促黄体素	抗胆碱药、抗肾上腺素药、抗惊厥药、麻醉药、安定药	疗效降低
	绒毛膜促性腺激素	遇热、氧	水解、失效
影响组织代谢药	维生素 B_1	生物碱、碱	沉淀
		氧化剂、还原剂	分解、失效
		氨苄青霉素、头孢菌素Ⅰ和Ⅱ、氯霉素、多黏菌素	破坏、失效
	维生素 B_2	碱性药液	破坏、失效
		氨苄青霉素、头孢菌素Ⅰ和Ⅱ、氯霉素、多黏菌素、四环素、金霉素、土霉素、红霉素、新霉素、链霉素、卡那霉素、林可霉素	破坏、灭活
	维生素 C	氧化剂	破坏、失效
		碱性药液如氨茶碱	氧化、失效
		钙制剂溶液	沉淀

续表

类别	药 物	禁忌配合的药物	变 化
影响组织代谢药	维生素C	氨苄青霉素、头孢菌素Ⅰ和Ⅱ、氯霉素、多黏菌素、四环素、金霉素、土霉素、红霉素、新霉素、链霉素、卡那霉素、氯霉素、林可霉素	破坏、灭活
	氯化钙、葡萄糖酸钙	碳酸氢钠、碳酸钠溶液	沉淀
		水杨酸盐、苯甲酸盐溶液	沉淀
解毒药	碘解磷定	碱性药物	水解为氰化物
	亚甲蓝	强碱性药物、氧化剂、还原剂及碘化物	破坏、失效
	亚硝酸钠	酸类	分解成亚硝酸
		碘化物	游离出碘
		氧化剂、金属盐	被还原
	硫代硫酸钠	酸类	分解沉淀
		氧化剂如亚硝酸钠	分解失效
	依地酸钙钠	铁制剂如硫酸亚铁	干扰作用

注：氧化剂有漂白粉、双氧水、过氧乙酸、高锰酸钾等；还原剂有碘化物、硫代硫酸钠、维生素C等；重金属盐有汞盐、银盐、铁盐、铜盐、锌盐等；酸类药物有稀盐酸、硼酸、鞣酸、醋酸、乳酸等；碱类药物有氢氧化钠、碳酸氢钠、氨水等；生物碱类药物有阿托品、安钠咖、肾上腺素、毛果芸香碱、氨茶碱、普鲁卡因等；有机酸盐类药物有水杨酸钠、醋酸钾等；生物碱沉淀剂有氢氧化钾、碘、鞣酸、重金属等；药液显酸性的药物有氯化钙、葡萄糖、硫酸镁、氯化铵、盐酸、肾上腺素、硫酸阿托品、水合氯醛、盐酸氯丙嗪、盐酸金霉素、盐酸四环素、盐酸普鲁卡因、糖盐水、葡萄糖酸钙注射液等；药液显碱性的药物有安钠咖、碳酸氢钠、氨茶碱、乳酸钠、磺胺嘧啶钠、乌洛托品等。

四　无公害食品——肉鸭饲养兽医防疫准则
（NY 5267—2004）

1. 范围

本标准规定了生产无公害食品的肉鸭饲养场在疫病预防、监测、控制和扑灭方面的兽医防疫准则。

本标准适用于生产无公害食品的肉鸭饲养场的兽医防疫。

2. 规范性引用文件

下列文件中的条款通过本标准的引用而成为本标准的条款。凡是注日期的引用文件，其随后所有的修改单（不包括勘误的内容）或修订版均不适用于本标准，然而，鼓励根据本标准达成协议的各方研究是否可使用这些文件的最新版本。凡是不注日期的引用文件，其最新版本适用于本标准。

GB 16548　畜禽病害肉尸及其产品无害化处理规程

GB/T 16569　畜禽产品消毒规范

NY/T 388　畜禽场环境质量标准

NY 5027　无公害食品 畜禽饮用水水质

NY/T 5264　无公害食品 肉鸭饲养管理技术规范

中华人民共和国动物防疫法

中华人民共和国兽用生物制品质量标准

3. 术语和定义

下列术语和定义适用于本标准。

3.1 动物疫病 animal epidemic diseases

动物的传染病和寄生虫病。

3.2 动物防疫 animal epidemic prevention

动物疫病的预防、控制、扑灭和动物、动物产品的检疫。

4. 疫病预防

4.1 环境卫生条件

4.1.1 肉鸭饲养场的环境卫生质量应符合 NY/T

388 的要求，污水、污物处理应符合国家环保要求。

4.1.2 肉鸭饲养场的选址、建筑布局及设施设备应符合 NY/T 5264 的要求。

4.1.3 自繁自养的肉鸭饲养场应严格执行种鸭场、孵化场和商品鸭场相对独立，防止疫病相互传播。

4.1.4 病害肉尸的无害化处理和消毒分别按 GB 16548 和 GB/T 16569 的要求进行。

4.2 饲养管理

4.2.1 肉鸭饲养场应坚持每栋鸭舍"全进全出"的原则。引进的鸭只应来自经畜牧兽医行政管理部门核准合格的种鸭场，并持有动物检疫合格证明。运输鸭只所用的车辆和器具必须彻底清洗消毒，并持有动物及动物产品运载工具消毒证明。引进鸭只后，应先隔离 7d～14d，确认健康后方可解除隔离。

4.2.2 肉鸭的饲养管理、日常消毒、饲料及兽药、疫苗的使用应符合 NY/T 5264 的要求，并定期进行监督检查。

4.2.3 肉鸭的饮用水应符合 NY 5027 的要求。

4.2.4 从事饲养管理的工作人员应身体健康并定期进行体检，在工作期间应严格按照 NY/T 5264 的要求进行操作。

4.2.5 肉鸭饲养场应谢绝参观。特殊情况下，参观人员在消毒后穿戴专用工作服方可进入。

4.3 免疫接种

肉鸭饲养场应根据《中华人民共和国动物防疫法》及其配套法规的要求，结合当地实际疫病流行情况，有选择地进行疫病的预防接种工作。选用的疫苗应符合《中华人民共和国兽用生物制品质量标准》的要求，并注意选择科学的免疫程序和免疫方法。

5. 疫病监测

5.1 肉鸭饲养场应依照《中华人民共和国动物防疫法》及其配套法规的要求，结合当地实际情况，制定疫病监测方案并组织实施。监测结果应及时报告当地畜牧兽医行政管理部门。

5.2 肉鸭饲养场常规监测的疫病至少应包括：高致病性禽流感、鸭瘟、鸭病毒性肝炎、禽衣原体病、禽结核病。除上述疫病外，还应根据当地实际情况，选择其他一些必要的疫病进行监测。

5.3 肉鸭饲养场应配合当地动物防疫监督机构进行定期或不定期的疫病监督抽查。

6. 疫病控制和扑灭

6.1 肉鸭饲养场发生疫病或怀疑发生疫病时，应依据《中华人民共和国动物防疫法》，立即向当地畜牧兽医行政管理部门报告疫情。

6.2 确诊发生高致病性禽流感时，肉鸭饲养场应积极配合当地畜牧兽医行政管理部门，对鸭群实施严格的隔离、扑杀措施。

6.3 发生鸭瘟、鸭病毒性肝炎、禽衣原体病、禽结核等疫病时，应对鸭群实施净化措施。

6.4 当发生 6.2、6.3 所述疫病时，全场进行清洗消毒，病死或淘汰鸭的尸体按 GB 16548 进行无害化处理，消毒按 GB/T 16569 进行，并且同群未发病的鸭只不得作为无公害食品销售。

7. 记录

每群肉鸭都应有相关的资料记录，其内容包括：肉鸭品种及来源、生产性能、饲料来源及消耗情况、用药及免疫接种情况、日常消毒措施、发病情况、实验室检查及结果、死亡率及死亡原因、无害化处理情况等。所有记录应有相关负责人员签字并妥善保存 2 年以上。

五　无公害食品——蛋鸭饲养兽医防疫准则
（NY 5260—2004）

1. 范围

本标准规定了生产无公害食品的蛋鸭饲养场在疫病预防、监测、控制和扑灭方面的兽医防疫准则。

本标准适用于生产无公害食品的蛋鸭饲养场的兽医防疫。

2. 规范性引用文件

下列文件中的条款通过本标准的引用而成为本标准的条款。凡是注日期的引用文件，其随后所有的修改单（不包括勘误的内容）或修订版均不适用于本标准，然而，鼓励根据本标准达成协议的各方研究是否可使用这些文件的最新版本。凡是不注日期的引用文件，其最新版本适用于本标准。

GB 16548　畜禽病害肉尸及其产品无害化处理规程

GB/T 16569　畜禽产品消毒规范

NY/T 388　畜禽场环境质量标准

NY 5027　无公害食品 畜禽饮用水水质

NY/T 5261　无公害食品 蛋鸭饲养管理技术规范

中华人民共和国动物防疫法

中华人民共和国兽用生物制品质量标准

3. 术语和定义

下列术语和定义适用于本标准。

3.1 动物疫病 animal epidemic diseases

动物的传染病和寄生虫病。

3.2 动物防疫 animal epidemic prevention

动物疫病的预防、控制、扑灭和动物、动物产品的检疫。

4. 疫病预防

4.1 环境卫生条件

4.1.1 蛋鸭饲养场的环境卫生质量应符合 NY/T 388 的要求，污水、污物处理应符合国家环保要求。

4.1.2 蛋鸭饲养场的选址、建筑布局及设施设备应符合 NY/T 5261 的要求。

4.1.3 自繁自养的蛋鸭饲养场应严格执行种鸭场、孵化场和商品鸭场相对独立，防止疫病相互传播。

4.1.4 病害肉尸的无害化处理和消毒分别按 GB 16548 和 GB/T 16569 进行。

4.2 饲养管理

4.2.1 引进的蛋鸭应来自经畜牧兽医行政管理部门核准合格的种鸭场，并持有动物检疫合格证明。运输鸭只所用的车辆和器具必须彻底清洗消毒，并持有动物及动物产品运载工具消毒证明。引进鸭只后，应先隔离观察 7d~14d，确认健康后方可解除隔离。

4.2.2 蛋鸭的饲养管理、日常消毒措施、饲料及兽药、疫苗的使用应符合NY/T 5261的要求，并定期进行监督检查。

　4.2.3 蛋鸭的饮用水应符合 NY 5027 的要求。

　4.2.4 蛋鸭饲养场的工作人员应身体健康，并定期进行体检，在工作期间严格按照 NY/T 5261 的要求进行操作。

　4.2.5 蛋鸭饲养场应谢绝参观。在特殊情况下，参观人员在消毒并穿戴洁净工作服后方可进入。

　4.3 免疫接种

　蛋鸭饲养场应根据《中华人民共和国动物防疫法》及其配套法规的要求，结合当地实际情况，有选择地进行疫病的预防接种工作。选用的疫苗应符合《中华人民共和国兽用生物制品质量标准》的要求，并注意选择科学的免疫程序和免疫方法。

　5. 疫病监测

　5.1 蛋鸭饲养场应依照《中华人民共和国动物防疫法》及其配套法规的要求，结合当地实际情况，制定疫病监测方案并组织实施。监测结果应及时报告当地畜牧兽医行政管理部门。

　5.2 蛋鸭饲养场常规监测的疫病至少应包括：高致病性禽流感、鸭瘟、鸭病毒性肝炎、禽衣原体病、禽结核病。除上述疫病外，还应根据当地实际情况，选择其他一些必要的疫病进行监测。

　5.3 蛋鸭饲养场应配合当地动物防疫监督机构进行定期或不定期的疫病监督抽查。

6. 疫病控制和扑灭

6.1 蛋鸭饲养场发生疫病或怀疑发生疫病时，应依据《中华人民共和国动物防疫法》，立即向当地畜牧兽医行政管理部门报告疫情。

6.2 确诊发生高致病性禽流感时，蛋鸭饲养场应积极配合当地畜牧兽医行政管理部门，对鸭群实施严格的隔离、扑杀措施。

6.3 发生鸭瘟、鸭病毒性肝炎、禽衣原体病、禽结核等疫病时，应对鸭群实施净化措施。

6.4 当发生 6.2、6.3 所述疫病时，全场进行清洗消毒，病死或淘汰鸭的尸体按 GB 16548 的要求进行无害化处理，消毒按 GB/T 16569 的规定进行，并且同群未发病蛋鸭生产的鸭蛋不得作为无公害食品销售。

7. 记录

每群蛋鸭都应有相关的资料记录，其内容包括：蛋鸭品种及来源、生产性能、饲料来源及消耗情况、用药及免疫接种情况、日常消毒措施、发病情况、实验室检查及结果、死亡率及死亡原因、无害化处理情况等。所有记录应有相关负责人员签字并妥善保存 2 年以上。

参 考 文 献

［1］ 董彝. 实用禽病临床类症鉴别. 北京：中国农业出版社，2003.
［2］ 郑爱武. 规模化鸭场兽医手册. 北京：化学工业出版社，2010.
［3］ 魏刚才. 鸭场安全生产技术. 北京：化学工业出版社，2012.
［4］ 胡功政. 兽药合理配伍使用. 郑州：河南科学技术出版社，2009.